Häufige tropische und subtropische Zierpflanzen schnell nach Blütenfarbe bestimmen

Katharina Kreissig

Häufige tropische und subtropische Zierpflanzen schnell nach Blütenfarbe bestimmen

Ein Naturführer für die Reise

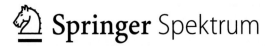 Springer Spektrum

Katharina Kreissig
Ladenburg, Deutschland

ISBN 978-3-662-55017-5   ISBN 978-3-662-55018-2 (eBook)
https://doi.org/10.1007/978-3-662-55018-2

Die Deutsche Nationalbibliothek verzeichnet diese Publikation in der Deutschen Nationalbibliografie;
detaillierte bibliografische Daten sind im Internet über http://dnb.d-nb.de abrufbar.

Springer Spektrum
Eine frühe digitale Fassung für den PDA war erhältlich unter dem Titel „Blüten warmer Länder".
© Springer-Verlag GmbH Deutschland 2017

Einbandabbildung: Wandelröschen (Lantana camara)
Planung: Stephanie Preuss

Gedruckt auf säurefreiem und chlorfrei gebleichtem Papier

Springer Spektrum ist Teil von Springer Nature
Die eingetragene Gesellschaft ist Springer-Verlag GmbH Germany
Die Anschrift der Gesellschaft ist: Heidelberger Platz 3, 14197 Berlin, Germany

Zum Geleit

» After women, flowers are the most lovely thing God has given the world
(Christian Dior).

Als Reiseleiterin hat Katharina Kreissig sehr oft erlebt, dass auffällige Blüten bei Touristen in Ländern der Tropen und Subtropen sehr großes Interesse wecken. Nicht nur den Namen sollte sie sagen – möglichst in der Sprache des Reiseteilnehmers –, sondern auch nach der Herkunft der Pflanze, der Verwendung oder Giftigkeit wurde sie gefragt. Die in Hotelgärten, Parks und an Straßen gepflanzten und oft auch daraus verwilderten Zierpflanzen reizten unwiderstehlich zum Fotografieren, am liebsten hätte man gleich einen Senker davon mitgenommen. Aufgrund dieser Erfahrungen konnte Frau Kreissig eine Auswahl besonders schöner (oder „verrückter") Blüten treffen und sie in der vorliegenden Schrift abbilden, benennen, beschreiben und in den Begleittexten Interessantes über Namen, Heimat, Verwendung, Biologie und Geschichte zusammenstellen. Da gibt es ja in den tropischen Ländern so viele Überraschungen, wie die Anpassung an die Bestäubung durch Fledermäuse und Vögel oder gefährliche Inhaltsstoffe, die als Pfeil- oder Fischgifte dienten. Es ist gar nicht immer leicht, die Artzugehörigkeit der Pflanzen zu ermitteln, denn viele Gattungen enthalten Dutzende von Arten, manche Arten bilden Bastarde oder sie sind in der Kultur verändert; außerdem sind gerade die Floren der artenreichsten Länder noch unvollständig erforscht.

Möge das Buch eine Hilfe beim Bewältigen der Reiseeindrücke und beim Beschriften der eigenen Fotos sein und gleichzeitig Liebe und Verständnis für die Vielfalt der Pflanzengestalten wecken.

Eckehart J. Jäger
Halle im Januar 2017

Einleitung

Mit diesem Pflanzenführer können Sie häufige Zierpflanzen sonniger Länder schnell und leicht nach der Blütenfarbe bestimmen, zum Beispiel in der Karibik, in Florida, auf den Kanarischen Inseln und im Mittelmeerraum wie in Spanien, Frankreich oder Portugal. Dabei spielt es keine Rolle, ob Sie auf Geschäftsreise, Wochenendkurztrip, Kreuzfahrt, Studienreise oder im Badeurlaub sind. Hauptsache, Sie mögen schöne Pflanzen!

Die großen und farbenprächtigen Blüten tropischer und subtropischer Pflanzen sind so plakativ, dass man eigentlich gar nicht an ihnen vorbeikommen kann. Dafür braucht es keine fünfstündige Exkursion in den Regenwald. Man begegnet ihnen schon am Flughafen, während man auf den Transfer zum Hotel wartet. Vielleicht sehen Sie ein Gesteck aus Orchideen in der Ankunftshalle oder ein prächtiger Hibiskus schmückt den Parkplatz. Jacaranda-Bäume säumen die Straßenränder, Bougainvillien begrünen Häuserwände. Helikonien und Strelitzien stehen in Gärten und in der Natur. Es handelt sich aber oft nicht um landestypische Gewächse. Viele Pflanzen sind Globetrotter, die es inzwischen in so gut wie allen warmen Ländern gibt, sogar auf abgelegenen Inselwelten wie Hawaii. Auch in Europa sind sie präsent, sommers als Kübel- und Topfpflanzen aber auch in der kühlen Jahreszeit in Wintergärten und Gewächshäusern.

Sie finden eine Pflanze in diesem Buch anhand ihrer Blütenfarbe im entsprechenden Kapitel, es wird kein Fachwissen vorausgesetzt. Eine unbekannte gelbe Blüte findet man einfach durch Nachschlagen im Kapitel „Gelbe Blüten". Wenn man eine Pflanze nicht gleich bestimmen kann oder einfach wenig Zeit hat, kann man sich schnell mit dem Handy ein oder zwei Fotos machen. Damit lässt sich später in Ruhe nachschlagen und oft genug herausfinden, um was es sich handelt.

Einige Blüten können in mehr als einer Farbe vorkommen und werden deshalb in mehr als einem Kapitel aufgeführt. Manche Blüten wechseln sogar im Laufe der Zeit ihre Farbe. Erkundigt man sich im Reiseland nach einer Pflanze, so wird man nicht immer eine Antwort in deutscher Sprache erhalten. Neben dem deutschen und wissenschaftlichen Namen sind deshalb die englischen, spanischen, französischen und niederländischen Namen der Gewächse aufgelistet. Interessante Details zur ursprünglichen Herkunft, Namensgebung, Biologie, zu tierischen Partnern und zum Lebensraum runden die Steckbriefe ab.

Was ist eine Blüte und was ist ihre natürliche Funktion? Die Blüte einer Pflanze dient der geschlechtlichen Fortpflanzung. Sie besteht aus speziell ausgebildeten Blättern und sitzt an einem besonderen Trieb mit begrenztem Wachstum. Vereinfacht gesagt: Normalerweise wächst ein Pflanzenspross beständig weiter und bildet ein grünes Blatt nach dem anderen aus. Wenn aber eine Blüte entsteht, hört das Wachstum auf und es bilden sich besondere, umgeformte Blätter, die Blütenblätter.

Die Beschreibungen in diesem Pflanzenführer sind einfach gehalten und verzichten bewusst auf wissenschaftliche Begriffe. Im Folgenden ist eine Blüte schematisch dargestellt, und ihre Bestandteile sind kurz erklärt:

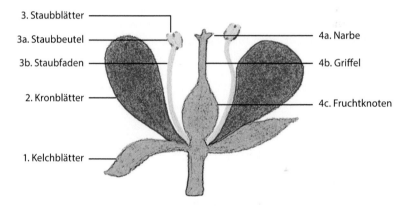

1. Kelchblätter, in ihrer Gesamtheit auch Kelch genannt.
2. Kronblätter, zusammen auch Krone genannt. Dies sind in der Regel die farbigen, großen Blütenblätter.
3. Staubblätter, sie bestehen aus dem Staubbeutel (3a) und dem Staubfaden (3b) und tragen den Pollen.
4. Fruchtblätter, sie bilden den Stempel, der aus Narbe (4a), Griffel (4b) und Fruchtknoten (4c) besteht.

Weiterhin erwähnt werden Hochblätter (Brakteen); sie sind Tragblätter im Bereich der Blüte. Sie können farbig ausgestaltet sein und werden dann leicht für die eigentlichen Blütenblätter gehalten. Tragblätter tragen in ihrer Achsel einen Pflanzenspross, eine Einzelblüte oder einen Blütenstand.

Viele Blüten haben so auffällige Merkmale, dass man sie allein durch den Vergleich mit den Abbildungen der folgenden Seiten identifizieren kann. Daneben gibt es eine Reihe von Arten, deren Bestimmung aufwendiger ist, dafür gibt es entsprechend umfassende Buchwerke. Im großen Pflanzenreich gibt es viele Vertreter, die selbst für den Wissenschaftler schwer zu ermitteln sind. Das Abdecken der umfangreichen Gruppe der Orchideen würde beispielsweise den Rahmen dieses Buches überschreiten. Aber vielleicht bekommen Sie nach den ersten Erfolgen und Naturerlebnissen Lust, tiefer einzusteigen und speziellere Literatur zur Hand zu nehmen.

Bei der Schönheit exotischer Pflanzen ist es nur allzu verständlich, dass der Gedanke aufkommt, ein Exemplar mit nach Hause zu nehmen. Bitte widerstehen Sie dieser Versuchung und nehmen Sie eine exotische Pflanze nur als Foto mit heim. Es gibt viele gute Gründe dafür, Pflanzen an ihren Standorten zu lassen. Die allermeisten exotischen Pflanzen überleben einen nicht-fachgerechten Transport und Standortwechsel nicht. Es gibt außerdem viele Pflanzenarten, die in ihrem Bestand bedroht sind. Sie unterliegen dem Artenschutz und dürfen nicht beschädigt oder gar mitgenommen werden. Wer es trotzdem tut, wird spätestens bei der Einreise oder schon bei der Ausreise in Schwierigkeiten geraten.

Robustere Zierpflanzen sind mit dem Menschen in viele fremde Länder gereist, vor allem die pflegeleichten Arten entwickeln sich zu Bestsellern und man trifft sie überall wieder, wo die Temperaturen es zulassen. Leider geschieht es häufig, dass die Pfleglinge die Gärten verlassen und verwildern. Das kann das sehr problematisch für die eigentliche Tier- und Pflanzengemeinschaft eines Gebietes werden. Optisch nach menschlichem Maßstab ein Gewinn, kann eine fremde Pflanze in der Natur zu großen Verlusten führen. Da ihre natürlichen Feinde nicht mit in die neue Heimat gereist sind, kann sie sich ungebremst vermehren und verdrängt die heimischen Pflanzenarten. Dadurch kann vielen Tieren die Lebensgrundlage entzogen werden, etwa, weil sie nicht einfach auf eine andere Nahrungsquelle umsteigen können. In einer Reihe von Ländern führt man mit großem Aufwand Kampagnen zur Ausrottung solcher invasiven Pflanzenarten durch.

Vorsicht: Viele Pflanzen enthalten giftige Bestandteile. Wann immer ich Hinweise dafür gefunden habe, wurden sie erwähnt. Trotz sorgfältigster Recherche sind jedoch Fehler nicht auszuschließen und eine Haftung kann nicht übernommen werden. Von kulinarischen oder pharmazeutischen Experimenten rate ich ausdrücklich ab, auch wenn im Text von solchen Verwendungsarten durch Einheimische berichtet wird.

Die Auswahl aus den tausenden von für ein solches Werk in Frage kommenden Pflanzen war natürlich subjektiv. Wenn Sie Anregungen oder Hinweise für diesen Pflanzenführer haben, schreiben Sie mir bitte eine E-Mail an: Flora@kreissig.de. Ich freue mich darauf, von Ihnen zu hören.

An dieser Stelle möchte ich mich bei allen bedanken, die die Publikation dieses Buches unterstützt haben. Zuallererst sind dies Merlet Behncke-Braunbeck und Dr. Stephanie Preuss vom Verlag Springer Spektrum: Vielen Dank für die ausgezeichnete planerische Begleitung! Barbara Lühker, ebenfalls Springer Spektrum, danke ich für ihre außerordentlich kompetente Betreuung und das Projektmanagement. Katrin Petermann, Detlef Mädje und Michael Barton danke ich für die exzellente Herstellung.

Mein besonderer Dank geht an Professor Dr. Eckehart Jäger (Institut für Biologie/ Geobotanik und Botanischer Garten Halle, Martin-Luther-Universität Halle-Wittenberg) und Professor Dr. Michael Wink (Institut für Pharmazie und Molekulare Biotechnologie (IPMB) Heidelberg) für die Durchsicht des Manuskriptes und ihre wichtigen und konstruktiven Hinweise, insbesondere zur Identifikation und aktuellen Systematik. Für die gute Zusammenarbeit bei den gemeinsamen initialen Exkursionen in die karibische Pflanzenwelt danke ich Judith Weinlich und Heinz-Detlev Koch. Ein nennenswerter Anteil der Pflanzenaufnahmen entstand auf Reisen, die von Claudia und Werner Nuzinger hervorragend organisiert und begleitet wurden und von deren botanischem Wissen und Interesse ich profitiert habe. Meinem Mann Bernd Kreissig danke ich für seine Unterstützung während der gemeinsamen Studienreisen und für seinen Rat bei einer Reihe von technischen und linguistischen Fragestellungen. Bei Dr. Heidrun Oberg bedanke ich mich vor allem für die Inspiration zu diesem Pflanzenführer, aber auch für ihre vielfältigen Anregungen zu Thematik, Literatur und Bildaufnahmen, die entscheidend zur Entstehung des Buches beigetragen haben. PD Dr. habil. Ludger Feldmann danke ich herzlich für den fachlichen Austausch, insbesondere zu geowissenschaftlichen Aspekten bei der Betrachtung von Pflanzenstandorten. Dr. Gudrun Bucher und PD Dr. habil. Ulrich Dornsiepen verdanke ich wertvolle Empfehlungen hinsichtlich ethnologischer und geologischer Zusammenhänge sowie historischer Forschungs- und Entdeckungsreisen. Dres. Ursel und Gerhard Meyer, Dr. Karen von Juterzenka, Dr. Michael Schmid und Dr. Klemens Pütz danke ich für ihre praktische und pragmatische Mitwirkung bei der Realisierung dieses Buchs.

Katharina Kreissig
Ladenburg im März 2017

Inhaltsverzeichnis

GELBE BLÜTEN

Foto: Frangipani (*Plumeria spec.*)

© Springer-Verlag GmbH Deutschland 2017
K. Kreissig, *Häufige tropische und subtropische Zierpflanzen schnell nach Blütenfarbe bestimmen*,
https://doi.org/10.1007/978-3-662-55018-2_1

Gelber Poui

Handroanthus serratifolius

Familie: Bignoniaceae, Trompetenbaumgewächse
Weitere deutsche Namen: –
Englische Namen: Yellow poui, golden bell, tree of gold, apamata
Spanische Namen: Corteza amarilla, corteza, guayacán, cortes, lapacho
Französische Namen: Poui, poui vert, tabebuia verte, ébène verte
Niederländische Namen: Groenhart, lapacho
Blüten: Gelb
Lebensform: Strauch, Baum bis 46 m
Ursprüngliche Heimat: Tropisches Südamerika
Wissenswertes: Der Gelbe Poui ist in Süd- und Zentralamerika weit verbreitet, man pflanzt ihn in Gärten, Parks und als Straßenbaum. Er ist nicht nur Zierde und Schattenspender in Tee- ode Kaffeeplantagen: Seine Wurzeln halten den Bo den und verhindern damit Erosion. Zur Blüte am Ende der Trockenzeit ist der ganze Baum gelt Erst wenn die 5–8 cm langen Blüten abfallen erscheinen die Blätter. Es gibt verschiedene gelb blühende Arten (*H. guayacan, H. chrysanthus*) Die kleinen werden 12 m, die größeren Arten über 20 m hoch. Ein verwandter Baum ist de Rosa-Trompetenbaum (*Tabebuia rosea*). Das Hol vieler Pouibäume ist extrem hart und schwer. E verrottet langsam und widersteht Termiten un Pilzbefall, eine wertvolle Eigenschaft in tropische Ländern. Es wird für Hoch-, Tief- und Wasserbau Fenster, Türen, Mobiliar, Werkzeuge und Kunst handwerk verwendet.

Gelbe Trompetenblume

Tecoma stans

Familie: Bignoniaceae, Trompetenbaumgewächse
Weitere deutsche Namen: Gelber Trompeten-
baum
Englische Namen: Yellow trumpet, yellow cedar,
yellow elder, yellow bells, Christmas hope, ginger
thomas
Spanische Namen: Campanillas amarillas, chir-
obirlo, copete saúco amarillo, fresnillo, gloria, re-
ama, roble amarillo, ruibarba, tronadora, vainilla
Französische Namen: Chevalier, bois caraïbe,
bois fleurs jaunes, bois pissenlit
Niederländische Namen: Kelki heel
Blüten: Gelb, mit feinen roten Streifen

Lebensform: Baum oder Strauch, bis 8 m Höhe
Ursprüngliche Heimat: Zentralamerika, Karibik,
nördliches Südamerika
Wissenswertes: Der wissenschaftliche Name dieser Pflanze geht möglicherweise auf das aztekische
Wort „Tecomaxochitl" zurück. Allerdings galt
diese Bezeichnung auch einigen Nachtschattengewächsen, deren halluzinogene Wirkung bekannt war. Es wird auch heute von der volks-
medizinischen Bedeutung des Trompetenbaums
in Mexiko und Guatemala berichtet. Er ist die
offizielle Blütenpflanze der Jungferninseln und
die Nationalpflanze der Bahamas. Als Ziergehölz
in den gesamten Tropen angepflanzt, gilt jedoch
vielerorts als sehr problematischer Eindringling,
zum Beispiel in der pazifischen Inselwelt. Seine
Blüten werden von Kolibris bestäubt.

Gelbe Dickähre

Pachystachys lutea

Familie: Acanthaceae, Akanthusgewächse
Weitere deutsche Namen: –
Englische Namen: Golden candle, yellow candle, lollipop plant
Spanische Namen: Candela amarilla
Französische Namen: Pachystachys jaune, chandelle, plumet d'officier
Niederländische Namen: Gele garnalenplant
Blüten: Gelb, weiß
Lebensform: Staude, 1,5–2 m hoch
Ursprüngliche Heimat: Peru, Costa Rica bis Venezuela
Wissenswertes: Diese Pflanze kommt aus der Strauchschicht tropischer Regenwälder und braucht viel Feuchtigkeit. Sie wird als Zierstrauch in Parks, Gärten und Hotelanlagen tropischer Länder gepflanzt, in Deutschland gibt es sie al Zimmerpflanze. Der wissenschaftliche Nam beschreibt das Aussehen: *Pachystachys* bedeut "dicke Ähre" und *lutea* heißt gelb. Die Blüten ste hen in 15–30 cm langen Ähren. Nur die Hoch blätter (Brakteen) sind gelb, die eigentliche Blüt ist weiß und ragt aus der Ähre heraus. Währen die weiße Blüte nur wenige Tage blüht, halte sich die Deckblätter einige Wochen. Die Pflanz blüht das ganze Jahr über. Es gibt verwandte Arte mit roten Deckblättern. Im Gegensatz zur gelbe Justicie (*J. brandegeeana* 'Yellow Queen') sind di Blütenstände der Gelben Dickähre immer gerad und kürzer. Ein weiteres Unterscheidungsmerk mal sind die Blätter, die der Gelben Dickähre sin etwa doppelt so groß wie die der Justicie.

Justicie

Justicia brandegeeana

Familie: Acanthaceae, Akanthusgewächse
Weitere deutsche Namen: Zimmerhopfen
Englische Namen: Shrimp plant, false hop, Mexican shrimp plant
Spanische Namen: Carpintero, flor de camaroes, cola de camaron
Französische Namen: Plante crevette, herbe charpentier
Niederländische Namen: Garnaalbos
Blüten: Weiß, rot, gelb
Lebensform: Bis 1 m hoher Strauch
Ursprüngliche Heimat: Mexiko
Wissenswertes: Diese gelbe Form der Justicie heißt auch 'Yellow Queen'. Sie wird immer wie-

der mit der Gelben Dickähre verwechselt (siehe auch dort). Die Blätter der Justice sind jedoch viel kleiner und ihr Blütenstand ist oft gekrümmt im Gegensatz zum geraden Blütenstand der Gelben Dickähre. In Florida ist die Justicie verwildert und wird teilweise als Ärgernis betrachtet. Sie wird jedoch weiterhin im Handel angeboten, die Pflanze auf dem Bild wurde in einem floridianischen Gärtnereibetrieb fotografiert. Die eigentliche Blüte ist weiß und röhrenförmig, sie ragt aus den Tragblättern heraus. Der englische Name „shrimp plant" und der mexikanische Name „flor de camarones" beziehen sich auf das krebsschwanzartige Aussehen, die Ähnlichkeit mit einer Krabbe wird bei der roten Farbvariante der Justicie deutlicher (siehe auch Kapitel Rote Blüten). Die äußere Erscheinungsform der gelben Justicie entspricht dafür mehr dem deutschen Namen Zimmerhopfen.

Allamanda

Allamanda cathartica

Familie: Apocynaceae, Hundsgiftgewächse
Weitere deutsche Namen: Dschungelglocke, Goldtrompete
Englische Namen: Allamanda, buttercup flower, golden trumpet, yellow allamanda, yellow bell
Spanische Namen: Canario, flor de muerto, jazmin amarillo
Französische Namen: Allamanda
Niederländische Namen: Allamanda
Blüten: Gelb, orange, rosa, violett
Lebensform: Bis 8 m hohe Kletterpflanze
Ursprüngliche Heimat: Südamerika, vermutlich Brasilien

Wissenswertes: Es gibt 8 Allamanda-Arten und etliche Züchtungen, sie stammen ursprünglic aus dem tropischen Amerika. Als Zierpflanze sind Allamandas weltweit in den Tropen verbreitet. Neben gelbblühenden Arten sind besonder rosablühende Allamandas beliebt. Benannt wurden sie nach dem Schweizer Botaniker Frédéric Louis Allamand (1736–1803). Die Allamand ist ein Hundsgiftgewächs, diese Pflanzenfamili enthält rund 5100 Arten in über 360 Gattungen Sie werden auch Immergrüngewächse genannt und enthalten eine Reihe giftiger Pflanzen, viel produzieren einen milchigen weißen Saft. Auc die Allamanda zählt dazu, alle Teile der Pflanz enthalten den weißen Milchsaft, er ist giftig un hautreizend. Oleander, Thevetie und Frangipan sind Verwandte der Allamanda.

arkinsonie

Parkinsonia aculeata

Familie: Fabaceae, Hülsenfrüchtler
Weitere deutsche Namen: Jerusalemdorn
Englische Namen: Holy thorn, horsebean, royal
ashiaw, Mexican palo verde
Spanische Namen: Acacia, espina de Jerusalem,
spinillo, flor de mayo, mata linda
Französische Namen: Arrête boeuf, épine de
Jerusalem
Niederländische Namen: –
Blüten: Gelb oder 4 gelbe Blütenblätter und 1
orangefarbenes Blütenblatt
Lebensform: Baum bis 10 m Höhe
Ursprüngliche Heimat: Mittelamerika, Südame-
rika, USA

Wissenswertes: Zur Gattung Parkinsonia gehören 9 Bäume und Sträucher. Sie stammen aus den
trockenen Teilen des amerikanischen Kontinents
und Südafrikas. Der genaue Ursprung der Parkin-
sonie ist unbekannt. Einige dieser Pflanzen werden „Palo verde" zu Deutsch „grüner Stock" genannt. Die winzigen Blätter sind eine Anpassung
an den sehr trockenen Lebensraum. Auf diese
Weise verringert die Pflanze die Verdunstung über
die Blattoberfläche und damit Wasserverlust. Der
Jerusalemdorn wächst auch in feuchterem Klima,
solange eine gute Drainage vorhanden ist.

Hibiskus

Hibiscus rosa-sinensis

Familie: Malvaceae, Malvengewächse
Weitere deutsche Namen: Chinesische Rose, Eibisch, Roseneibisch
Englische Namen: Hibiscus, shoeblack plant
Spanische Namen: Amapola, clavel japones, hibisco, malva de china, rosa china
Französische Namen: Hibiscus, rose de Chine
Niederländische Namen: Chinese roos, matrozenroos, althaeastruik, schoenpotsplant
Blüten: Meist rot, auch gelb, rosa, weiß, orange
Lebensform: Strauch oder kleiner Baum
Ursprüngliche Heimat: Tropisches Asien
Wissenswertes: Hibiskusarten sind heute weltweit in den Tropen und Subtropen verbreitet und in zahllosen Zuchtformen und Farbvarianten vorhanden. In unseren Breiten ist er beliebt als Zimmer- und Kübelpflanze. Der Hibiskus hat in vielen warmen Ländern eine ähnlich herausragende Bedeutung wie bei uns die Rose. Das gilt ganz besonders für die pazifische Region und Inselwelt, wo diese Blüten für die Bevölkerung eine große kulturelle Bedeutung haben. Die gelbe Hibiskusblüte ist deshalb heute die offizielle Blume des US-Bundesstaates Hawaii. Hibiskusblüten können einen Durchmesser von 15 cm erreichen, viele verblühen leider relativ schnell.

Blumenrohr

Canna-Hybride

Familie: Cannaceae, Blumenrohrgewächse
Weitere deutsche Namen: Canna, Indisches Blumenrohr
Englische Namen: Canna, arrowroot
Spanische Namen: Achira, flor de cangrejo, planillo de monte, yuquilla
Französische Namen: Balisier, toloman, canne d'Inde
Niederländische Namen: Indische bloemriet
Blüten: Gelb, orange, rot
Lebensform: Staude, 1–2 m Höhe
Ursprüngliche Heimat: Asien, Mittel- und Südamerika, tropisches Afrika

Wissenswertes: Das griechische Wort „kanna" bedeutet Rohr oder auch Schilf. Es gibt 12 Canna-Arten (häufig sind *Canna indica*, *Canna flaccida* und *Canna glauca*), zudem Zuchtformen, darunter auch solche mit rötlichen Blättern und Blüten (siehe Kapitel Rote Blüten). Das Blumenrohr bewohnt die Strauchschicht feuchter tropischer Wälder in Mittelamerika, Südamerika und der Karibik. Aus den knolligen Wurzeln mancher Arten kann man Stärke gewinnen und die Wurzelstöcke bestimmter Sorten werden mancherorts wie Kartoffeln gegessen. Aus den Samen werden Ketten (auch „leis" genannt) hergestellt. Diese sollen besonders Kinder vor dem „bösen Blick" schützen und das Wachstum der Zähne erleichtern. Als Zierpflanzen sind Cannas weltweit verbreitet.

Ixora

Ixora coccinea

Familie: Rubiaceae, Rötegewächse
Weitere deutsche Namen: Malteserkreuzblume
Englische Namen: Flame of the wood, jungle flame, jungle geranium
Spanische Namen: Santa rita, ixora guillermina, cruz de Malta
Französische Namen: Ixora jaune, Jasmine antillaise
Niederländische Namen: Pauwenkers
Blüten: Rot, orange, gelb, weiß
Lebensform: Bis 5 m hoher Strauch
Ursprüngliche Heimat: Südindien, Sri Lanka
Wissenswertes: Von den gut 500 Ixora-Arten finden sich viele in tropischen und subtropischen

Ländern. Verbreitungsschwerpunkte dieser Zier pflanze sind Afrika und Asien. Ixora-Arten blühe in zahlreichen Farben, wobei Orange- und Rot töne häufig sind (siehe auch Kapitel Rote Blüten Der Durchmesser der Blütenbälle ist 10–20 cn Die Blüten der Ixoras werden von vielen Tiere als Nektarlieferanten geschätzt. Deshalb wird di weiß blühende *Ixora finlaysoniana* zur Bepflar zung von Schmetterlingsgärten empfohlen. *Ixor pavetta* wird von Fledermäusen besucht, die Äst dieser Art sollen in Indien als Fackeln verwend werden und werden von der einheimischen Be völkerung Kerzenholz genannt ("candle wood" Der Gattungsname Ixora geht eventuell auf di Hindu-Gottheit Iswara zurück, der Ixora-Blüte als Opfergabe dargebracht wurden.

Stolz von Barbados

Caesalpinia pulcherrima

Familie: Fabaceae, Hülsenfrüchtler (Unterfamilie Caesalpinioideae)

Weitere deutsche Namen: Pfauenstrauch

Englische Namen: Pride of Barbados, peacock flower, dwarf poinciana, flower fence, bird-of-paradise flower

Spanische Namen: Clavellina, hoja de sen, manche, guacamayo

Französische Namen: Poincillade, orgueil de Chine, petit flamboyant

Niederländische Namen: Trots van Barbados, pauwenbloem

Blüten: Rot, orange, gelb

Lebensform: Kleiner Baum bis 3 m

Ursprüngliche Heimat: Tropisches Amerika

Wissenswertes: Die Nationalpflanze von Barbados sieht man gelegentlich mit rein gelben Blüten wie auf diesem Foto abgebildet. Häufiger sind orange-rote Blüten mit geriffelten gelben (oder weißen) Rändern (siehe auch Kapitel Rote Blüten). Die langen Staubfäden ragen weit aus der Blüte heraus. Sie wird gern von Kolibris und Schmetterlingen besucht. Heute als Zierstrauch gepflanzt, wurde der Stolz von Barbados früher zur Gewinnung von Tinte und Färbemitteln verwendet. Die Gerbsäure der Früchte liefert rote Farbstoffe. Aus dem Holz können Violinbögen gefertigt werden. Die genaue Herkunft dieser heute weit verbreiteten Pflanze ist nicht bekannt, vermutlich stammt sie aus der karibischen Inselwelt.

Tropischer Oleander

Cascabela thevetia

Familie: Apocynaceae, Hundsgiftgewächse
Weitere deutsche Namen: Thevetie, Schellenbaum
Englische Namen: French willow, tropical oleander, yellow oleander, be-still tree, lucky nut, cascabel
Spanische Namen: Aje de monte, cascavel, chirca venenosa, lengua de gato, manzanillo, campanilla, milagrosa
Französische Namen: Arbre poison, arbre à lait, bois à lait, bois serpent, poison de fleches
Niederländische Namen: Gele oleander
Blüten: Gelb, orange
Lebensform: Strauch, kleiner Baum bis 10 m

Ursprüngliche Heimat: Mexiko
Wissenswertes: Zu den Hundsgiftgewächse⹀ auch Immergrüngewächse genannt, gehören vie⹂ sehr giftige Pflanzen, wie die Thevetie und d⹀ Oleander. Besonders in Hotelanlagen und Park⹀ muss darauf geachtet werden, dass Kinder kein⹀ Blätter oder Früchte verschlucken, denn alle Tei⹀ der Pflanze sind giftig. Der Wirkstoff Theveti⹀ führt zu Kopfschmerzen, Übelkeit und Herzbe⹀ schwerden bis zum Tod. Offenbar wirkt sich d⹀ wie beim allgegenwärtigen Oleander nicht auf d⹀ Beliebtheit der Pflanze aus. Seit Ende der 1990e⹀ Jahre sieht man sie immer häufiger als Zierge⹀ wächs, es gibt gelb und orange blühende Sorte⹀ (siehe auch Kapitel Orangefarbene Blüten). D⹀ aus Mexiko stammende Pflanze ist heute we⹀ verbreitet in Mittel- und Südamerika, nach A⹀ rika eingeführt und bis zu den Kanaren zu finde⹀

Goldkelch

Solandra longiflora

Familie: Solanaceae, Nachtschattengewächse
Weitere deutsche Namen: –
Englische Namen: Chalice vine, cup of gold, golden chalice, trumpet plant
Spanische Namen: Copa de oro, mendieta
Französische Namen: Solandre
Niederländische Namen: –
Blüten: Gelb, cremefarben
Lebensform: Kletterpflanze
Ursprüngliche Heimat: Kuba, Jamaica
Wissenswertes: Goldkelche werden oft als Zierpflanzen zum Begrünen von Mauern eingesetzt. Es gibt etwa 10 Arten, die sich unter anderem in der Anzahl der dunklen Streifen innerhalb der Blüte unterscheiden. Besonders *Solandra maxima* (5 Streifen) ist weit verbreitet. Die bis zu 1 kg schweren Früchte werden wie Melonen gegessen. Die großen, 25 cm langen Blüten der Goldkelche duften hauptsächlich nachts, denn dann sind ihre Bestäuber aktiv – Fledermäuse! Die Beschreibung des Duftes variiert zwischen „kokosnussartig" und „reifen Aprikosen". Die Gattung Solandra wurde nach dem schwedischen Naturforscher Daniel Solander (1733–1782) benannt. Zu den Nachtschattengewächsen gehören viele giftige Pflanzen, wie beispielsweise die Tollkirsche und die Tabakpflanze. Andererseits enthält diese Pflanzengruppe auch eine ganze Reihe wichtiger Nutzpflanzen wie die Tomate, die Kartoffel, die Paprika und den Chilipfeffer.

Schwarze Susanne

Thunbergia alata

Familie: Acanthaceae, Akanthusgewächse
Weitere deutsche Namen: Schwarzäugige Susanne
Englische Namen: Black-eyed susan
Spanische Namen: Ojo de pájaro, cipó africano
Französische Namen: Oeil noir de Suzanne, herbe panpatoa
Niederländische Namen: Suzanne-met-de-mooie-ogen
Blüten: Gelb, orange, weiß mit schwarzem Schlund, selten einfarbig
Lebensform: Kletterpflanze
Ursprüngliche Heimat: Tropisches Afrika

Wissenswertes: Es gibt etwa 100 Thunbergia-Arten, sie kommen aus dem südlichen Afrika, Madagaskar und Asien. Viele sind Kletterpflanzen und wegen ihrer reichen Blüte und Schnellwüchsigkeit als Gartenpflanzen geschätzt (siehe auch *Thunbergia grandiflora*, Kapitel Blaue Blüten). Die rasch wachsende Schwarze Susanne wird in Deutschland im Freien als einjährige Kletterpflanze gezogen, sie ist bei uns als Zierpflanze weiter verbreitet, als man bei einer tropischen Pflanze annehmen würde. In wärmeren Ländern gilt sie schon als invasiver Eindringling, der die einheimische Flora verdrängt (beispielsweise im australischen Queensland und auf Hawaii). Sie gilt auch als Plage, weil sie landwirtschaftliche Felder mit einem dichten Teppich bedeckt und Aufbauten wie Strommasten, Antennen und Gebäude sowie Wasser- und Straßengräben überwuchert

Feigenkaktus

Opuntia ficus-indica

Familie: Cactaceae, Kakteengewächse
Weitere deutsche Namen: Opuntie
Englische Namen: Prickly pear, Indian fig
Spanische Namen: Chumbera, tuna
Französische Namen: Figuier de Barbarie, cactus raquette
Niederländische Namen: Vijgcactus, schrijfcactus
Blüten: Orange, gelb
Lebensform: Strauchartiger Kaktus
Ursprüngliche Heimat: Mexiko
Wissenswertes: Zur Gattung Opuntia gehören rund 190 Kakteenarten. Der Name bezieht sich auf die griechische Stadt Opuntia. Der Feigenkaktus ist in die warmen Regionen der Erde

weltweit verschleppt worden, im Mittelmeerraum ist er schon im 16. Jahrhundert verwildert. Die Früchte der Opuntie sind essbar, sie werden frisch gegessen oder zu Marmelade verkocht, daher der Name Feigenkaktus. Man muss aber die feinen Haare entfernen, sie dringen wie die Stacheln in die Haut ein und führen zu Irritationen. In Israel benannte man eine ganze Generation nach diesen außen stacheligen, aber innen sehr schmackhaften Früchten („raue Schale, weicher Kern"). Die sogenannten Sabras sind die erste Generation der im Land Israel Geborenen. Auf manchen Opuntien leben die Cochenilla-Blattläuse, aus denen ein roter Farbstoff gewonnen wurde. Die Blüte einiger Opuntien ist zuerst orange und wird später gelb.

Australische Silbereiche

Grevillea robusta

Familie: Proteaceae, Silberbaumgewächse
Weitere deutsche Namen: –
Englische Namen: Silky oak
Spanische Namen: Roble australiano, pino de oro
Französische Namen: Grévillaire
Niederländische Namen: Australische zilvereik
Blüten: Gelb, orange, rot
Lebensform: Baum, bis 30 m Höhe
Ursprüngliche Heimat: Australien
Wissenswertes: Dieser aus dem Nordosten Australiens stammende Baum wurde weit verbreitet, denn sein attraktives, hartes Holz ist dem unserer Eiche ähnlich und wurde zu exquisiten Möbeln und für Intarsienarbeiten verwendet. Schon 1880 führte man den Baum deshalb nach Hawaii ein, wo er heute auf der Liste der invasiven Arten steht, die die einheimische Flora verdrängen. Inzwischen findet man ihn als Zierbaum auf den Kanaren, in Südspanien und Portugal. Er zieht nicht nur in seiner Heimat zahlreiche nektarsuchende Vögel an. Die Familie der Silberbaumgewächse (Proteaceae) ist sehr variabel, vor allem was die Blattformen ihrer Vertreter angeht. Sie wurde deshalb nach dem griechischen Meeresgott Proteus benannt, der seine Gestalt nach Belieben verändern konnte. Eine bekannte Nutzpflanze aus dieser Gruppe ist die Macadamia. Deren nussartige Früchte werden wie Erdnüsse geröstet und gesalzen oder für Kekse, Kuchen und Süßspeisen verwendet.

ORANGEFARBENE BLÜTEN

Foto: Feuerranke (*Pyrostegia venusta*)

© Springer-Verlag GmbH Deutschland 2017
K. Kreissig, *Häufige tropische und subtropische Zierpflanzen schnell nach Blütenfarbe bestimmen*,
https://doi.org/10.1007/978-3-662-55018-2_2

Wandelröschen

Lantana camara

Familie: Verbenaceae, Eisenkrautgewächse
Weitere deutsche Namen: –
Englische Namen: Leaf sage, wild sage, yellow sage, polecat geranium
Spanische Namen: Alantana, camara, corona de sol
Französische Namen: Camara commun, mille fleur, lantanier
Niederländische Namen: Wisselbloem, koorsoe wiwiri, verkleurbloom
Blüten: Rosa, violett, gelb, orange, weiß
Lebensform: Bis 4 m hoher Strauch
Ursprüngliche Heimat: Südamerika

Wissenswertes: Der Name Wandelröschen (au Wunderblume) verweist auf die ungewöhnlic Eigenschaft dieser Pflanze, die Farbe der Blüte Laufe des Blühens zu wechseln, zum Beispiel v Gelb nach Orange-rot. Lantanas gibt es in v schiedenen Farbkombinationen sowie einfarl (siehe Kapitel Rosafarbene Blüten). Die 3–5 m großen Blüten ziehen Insekten und Kolibris sind für Menschen und Haustiere aber giftig. B reits Hautkontakt kann zu Irritationen führe Zerdrückt man die Blätter, so entsteht ein aron tischer Duft, der oft als unangenehm empfund wird. Die Gattung Lantana enthält 100–150 Art aus dem tropischen Amerika und einige aus rika. Das Wandelröschen stammt vom südame kanischen Festland, ist heute aber in den gesamt Tropen zu finden, in Europa als Kübelpflanze u schon im mediterranen Raum im Freiland.

Tropischer Oleander

Cascabela thevetia

Familie: Apocynaceae, Hundsgiftgewächse
Weitere deutsche Namen: Thevetie, Schellen-baum
Englische Namen: French willow, be-still tree, tropical oleander, yellow oleander, cascabel, lucky nut
Spanische Namen: Aje de monte, cascavel, chirca venenosa, lengua de gato, manzanillo, campanilla, milagrosa
Französische Namen: Arbre poison, arbre à lait, bois à lait, bois serpent, poison de fleches
Niederländische Namen: Gele oleander
Blüten: Gelb, orange
Lebensform: Bis 10 m hoher Strauch oder Baum

Ursprüngliche Heimat: Mexiko
Wissenswertes: Die Thevetie wurde nach dem französischen Mönch André Thevet (1502–1590) benannt. Die Blüten duften intensiv. Alle Teile der Pflanze enthalten einen giftigen Milchsaft, der den Wirkstoff Thevetin enthält. Es heißt, dass das Holz von den Ureinwohnern Südamerikas zum Betäuben von Fischen eingesetzt wurde. Beim Menschen führt es zu Kopfschmerzen, Übelkeit, Herzbeschwerden bis zum Tod. Thevetin kann aber zur Behandlung von Herzkrankheiten eingesetzt werden und gilt als Heilpflanze gegen Fieber und Malaria. Die Thevetie wird deshalb für pharmazeutische Zwecke angebaut.

Engelstrompete

Brugmansia candida

Familie: Solanaceae, Nachtschattengewächse
Weitere deutsche Namen: –
Englische Namen: Angel's trumpet
Spanische Namen: Reina de la noche, floripondio
Französische Namen: Trompette des anges
Niederländische Namen: Engelstrompet, engelentrompet
Blüten: Orange, weiß
Lebensform: Strauch bis 3 m Höhe
Ursprüngliche Heimat: Südamerika
Wissenswertes: Die wunderschönen trompetenförmigen Blüten können 30 cm lang werden, neben aprikosenfarbigen und gelben Formen sind vor allem die weißen Engelstrompeten weit verbreitet. Sie werden nicht nur aus optischen Gründen gezogen: Die Blüten verströmen abends und nachts einen intensiven Duft. Aber Vorsicht: Wie eine Reihe ihrer Verwandten aus der Familie der Nachtschattengewächse ist auch die Engelstrompete giftig. Alle Teile der Pflanze enthalten neben Halluzinogenen das Alkaloid Skopolamin, das in der Pharmazie verwendet werden kann (z. B. als Wirkstoff in Pflastern gegen Seekrankheit). Die Pflanze stammt aus der Andenregion. Ihr früherer Name Datura hat seinen Ursprung in der indischen Sprache Hindi (dhatura) und bezog sich auf ähnlich aussehende asiatische Verwandte der Engelstrompete.

Chinesenhutpflanze

Holmskioldia sanguinea

Familie: Lamiaceae, Lippenblütler
Weitere deutsche Namen: –
Englische Namen: Cup-and-saucer plant, chinese hat plant, mandarine hat, parasol flower
Spanische Namen: Chapéu chinês, para sol
Französische Namen: Chapeau chinois, fleur parasol
Niederländische Namen: –
Blüten: Orangerot, gelb, cremefarben
Lebensform: Strauch, 1–2 m Höhe
Ursprüngliche Heimat: Bangladesch, Indien, Butan, Nepal
Wissenswertes: Der Gattungsname Holmskioldia geht auf den dänischen Botaniker Johan Theodor Holmskiold zurück. Mit ein wenig Fantasie kann man in den tellerförmigen Kelchblättern einen Chinesenhut erkennen, dies findet sich in dem deutschen, englischen, französischen und spanischen Namen wieder. Die Blüte ist röhrenförmig und wird gern von Kolibris und Schmetterlingen besucht. Es gibt eine Zuchtform mit komplett roten Blüten und „Chinesenhütchen". Der Strauch ist immergrün, er wird als Solitärpflanze wegen seines originellen Erscheinungsbildes in Gärten und Parks gepflanzt. Die dargestellte Pflanze wurde auf der Insel Tobago auf einer ehemaligen Kakaoplantage fotografiert.

Papageien-Hummerschere

Heliconia psittacorum, Hybride

Familie: Heliconiaceae, Helikoniengewächse
Weitere deutsche Namen: Papageien-Helikonie
Englische Namen: Parrot's flower, wild bird of paradise, wild plantain, parakeet, parrot's beak heliconia
Spanische Namen: Bajero, cachipo, platano, platanillo, periquitos
Französische Namen: Bec de perroquet
Niederländische Namen: Papegaaie-tong
Blüten: Rot, orange, gelb
Lebensform: Staude bis 1,5 m Höhe

Ursprüngliche Heimat: Kleine Antillen bis östliches Brasilien, Mittel- und Südamerika wie Guyana, Brasilien, Paraguay
Wissenswertes: Diese Helikonie sieht man besonders oft in Gärten und Anlagen, da sie Trockenheit besser verträgt, als andere Helikonien und wegen ihrer relativ geringen Höhe in Kübel gepflanzt werden kann. Es gibt viele Zuchtformen und Kreuzungen in den verschiedensten Farben, viele natürliche Kreuzungen gehen auf die Art zurück. Die Hochblätter (Brakteen) sind lang ausgezogen und enden spitz. Helikonien wurden nach dem in Griechenland liegenden Kalkgebirge Helikon (neugriechisch Eliko) benannt, dem Sitz der Musen der griechischen Mythologie. Sie sind zwar mit den Bananengewächsen verwandt, bilden aber keine bananenähnlichen Früchte aus.

Goldene Hummerschere

Heliconia latispatha

Familie: Heliconiaceae, Helikoniengewächse
Weitere deutsche Namen: –
Englische Namen: Expanded lobster claw
Spanische Namen: Platanillo
Französische Namen: –
Niederländische Namen: –
Blüten: Rot, orange, gelb, grünlich
Lebensform: Staude, bis 4 m Höhe
Ursprüngliche Heimat: Mexiko, nördliches Südamerika

Wissenswertes: Die Goldene Hummerschere ist eine häufige Helikonienart mit einer Reihe von Züchtungen, sie erreicht mit 4 m eine beachtliche Höhe. Diese Pflanze wurde in einer karibischen Gärtnerei fotografiert. Die eigentlichen Blüten sind bei dieser Pflanze schon verblüht und bräunlich. Eine junge Blüte ist gelbgrün. Die meisten Helikonien werden von Vögeln wie Kolibris und Honigfressern bestäubt, einige Arten von Säugetieren wie Fledermäusen. Dabei haben sich Vogelarten und Helikonienarten aneinander angepasst. Die kurzen geraden Blüten der goldenen Hummerschere werden von einem Kolibri mit ebenfalls kurzem geradem Schnabel bestäubt. Diese Bestäubung von Pflanzen durch Vögel nennt man Ornithophilie oder Ornithogamie. Ornithophile Blüten gibt es hauptsächlich in tropischen und subtropischen Gebieten.

Helikonie

Heliconia hirsuta

Familie: Heliconiaceae, Helikoniengewächse
Weitere deutsche Namen: –
Englische Namen: Wild banana, wild plantain
Spanische Namen: Platanillo fosforito
Französische Namen: Héliconia hirsute
Niederländische Namen: –
Blüten: Rot, orange, gelb
Lebensform: Bis 1,5 m hohe Staude
Ursprüngliche Heimat: Tropisches Südamerika
Wissenswertes: Die Zuordnung dieser Blüte zu einem der Farbenkapitel dieses Buches ist eine echte Herausforderung. *Heliconia hirsuta* ist eine Zierstaude, die es in verschiedensten Sorten und Farben gibt. *Heliconia hirsuta* 'Costa Flores' besitzt rote Brakteen und gelbe Blüten. *Heliconia hirsuta* 'Trinidad Red' hat dunkelrote Brakteen und orange gefarbene Blüten. *Heliconia hirsuta* 'Panama' mit gelben Brakteen und gelben Blüten.

Dieses Exemplar wurde in einem tropischen Regenwald auf Tobago fotografiert. Ein Sturm in den 1960er-Jahren hatte weite Teile des Waldes zerstört. Die Kronen der verbliebenen Urwaldriesen und der nachgewachsenen jüngeren Bäume ließen relativ viel Sonnenlicht durch, wovon die Strauchschicht in diesem Regenwald profitiert. Normalerweise erreicht nur wenig Licht den Boden eines Regenwaldes. An solchen gestörten Standorten, ebenso an Waldrändern, findet man oft Helikonien.

Strelitzie

Strelitzia reginae

Familie: Strelitziaceae, Strelitziengewächse
Weitere deutsche Namen: Paradiesvogelblume
Englische Namen: Strelitzia, bird-of-paradise, crane flower
Spanische Namen: Ave del paraíso
Französische Namen: Strélitzia
Niederländische Namen: Paradijsvogelbloom, vogelkopbloom
Blüten: Orange, blau
Lebensform: 1–2 m hohe Staude
Ursprüngliche Heimat: Südafrika
Wissenswertes: Für Touristen der kanarischen Inseln ist die Strelitzie ein beliebtes Souvenir, nur wenige wissen, dass die eigentliche Heimat dieser Pflanze Südafrika ist. Entdeckt wurde sie 1773 von dem Pflanzensammler Francis Masson, der im Auftrag des Botanikers Joseph Banks unterwegs war. Ihren Namen erhielt die Strelitzie nach der englischen Königin Charlotte, einer gebürtigen Prinzessin von Mecklenburg-Strelitz. Die Blütenblätter sind blau und lanzenförmig, die Kelchblätter orange. Beide ragen aus dem einzelnen lang gezogenen Hochblatt hinaus, es ist meist von einer Wachsschicht überzogen. Die Strelitzie ist für Vögel sehr attraktiv, denn sie enthält nicht nur Nektar, sondern auch Wasser, das sich in dem Hochblatt ansammelt. Sie wird in ihrem natürlichen Lebensraum in Afrika von Honigvögeln bestäubt.

Klivie

Clivia miniata

Familie: Amaryllidaceae, Amaryllisgewächse
Weitere deutsche Namen: Riemenblatt
Englische Namen: Bush lily, fire lily, natal lily, St. John's lily
Spanische Namen: Clivia
Französische Namen: Lis de St-Joseph, clivie vermillon
Niederländische Namen: Clivia, boslelie
Blüten: Orange, selten gelb
Lebensform: Staude
Ursprüngliche Heimat: Südafrika
Wissenswertes: Der englische Botaniker John Lindley (1799–1865) benannte die Klivie im Jahr 1854 nach Lady Charlotte Florentina Clive, Herzogin von Northumberland. Ihr gelang es erstmalig, diese Pflanze außerhalb ihrer natürlichen Heimat zu halten und zu vermehren. Nach heutigen Maßstäben gilt die Klivie als anspruchsloser Pflegling, allerdings sind alle Teile der Pflanze giftig, Symptome sind Erbrechen, Durchfall und Lähmungen. Die Hauptwirkstoffe sind Alkaloide, vor allem Lycorin, Clivimin und Clivatin. Schon der Saft kann Hautreizungen auslösen, manche Quellen empfehlen Gärtnern die Verwendung von Handschuhen. Die Blüten sind in Gruppen von 10–20 angeordnet, sie eignen sich als Schnittblumen. Es gibt eine seltenere gelbe Form.

Feuerranke

Pyrostegia venusta

Familie: Bignoniaceae, Trompetenbaumgewächse
Weitere deutsche Namen: Feuerbignonie
Englische Namen: Orange trumpet vine, flame vine
Spanische Namen: Lluvia de oro, flor de fuego
Französische Namen: Liane corail, liane de feu, liane de Saint Jean, liane aurore
Niederländische Namen: Goureeën
Blüten: Orange, selten gelb
Lebensform: Kletterpflanze, Liane
Ursprüngliche Heimat: Brasilien, Argentinien
Wissenswertes: Die Feuerranke bildet dichte Gruppen ihrer prächtigen leuchtend orangefarbenen Blüten. Sie ist die am häufigsten kultivierte Art der 4 Vertreter dieser Gattung. Sie wächst schnell und wird sehr dicht und schwer, dadurch eignet sie sich gut zum Begrünen von Zäunen und Mauern. Allerdings können unter ihr ganze Bäume verschwinden und einige Autoren beschreiben sie als aggressiven Gartenflüchtling, man muss sie also unter Kontrolle behalten. Viele Trompetenbaumgewächse sind beliebte Zierpflanzen, wie zum Beispiel der Poui, die violett blühende Jacaranda und der Afrikanische Tulpenbaum. Benannt wurde die Familie der Trompetenbaumgewächse nach dem französischen Bibliothekar Jean Paul Bignon (1662–1743). Die Bignoniaceae sind hauptsächlich in den Tropen und Subtropen heimisch. Ihre Blüten sind oft trichter- oder glockenförmig.

Kap-Geißblatt

Tecoma capensis

Familie: Bignoniaceae, Trompetenbaumgewächse
Weitere deutsche Namen: Tecoma, Kap-Bignonie
Englische Namen: Cock-a-doodle-doo, cape honeysuckle,
Spanische Namen: Estruendo, madreselva del cabo
Französische Namen: Bignone du Cap
Niederländische Namen: Kaapse Kamperfoelie
Blüten: Orange, gelb, rosa, weiß
Lebensform: Strauch, bis 3 m hoch
Ursprüngliche Heimat: Südafrika, Mozambique
Wissenswertes: Diese Vertreterin der Gattung Tecoma ist eine aus Afrika stammende Art, ihre Verwandten kommen fast alle aus dem tropischen Amerika. Der Blütenstand ist eine Traube mit bis zu 15 einzelnen Blüten. Die Staubblätter und der Griffel ragen weit aus der bis 5 cm langen Blüte heraus. Die kultivierten Formen können rosafarbene, weiße oder gelbe Blüten haben und werden meist als kleiner Strauch oder Hecke mit einer Höhe von 1–1,50 m gepflanzt. In Deutschland wird das Kap-Geißblatt als Kübelpflanze beliebter, muss aber im Winter herein geholt werden. In der afrikanischen Heimat dieser Pflanze ernährt sich die Raupe des Totenkopfschwärmers (*Acherontia atropos*) unter anderem von den Blättern des Kap-Geißblatts und die Blüten werden von Nektarvögeln besucht.

Ixora

Ixora coccinea

Familie: Rubiaceae, Rötegewächse
Weitere deutsche Namen: Malteserkreuzblume
Englische Namen: Ixora, flame of the wood, jungle flame, jungle geranium
Spanische Namen: Santa rita, ixora guillermina, cruz de Malta
Französische Namen: Jasmine antillaise, corail
Niederländische Namen: Ixora
Blüten: Rot, orange, gelb, weiß
Lebensform: Bis 5 m hoher Strauch
Ursprüngliche Heimat: Südindien, Sri Lanka
Wissenswertes: Die Ixora ist eine beliebte Zierpflanze, die in den gesamten Tropen und Subtropen verbreitet ist. Sie wird als Hecke angepflanzt und dient oft als natürlicher Zaun zur Begrenzung von Grundstücken, Zwergformen werden als Zimmerpflanze gepflegt. Für Gestecke eignet sie sich gut, da sich die Blüten lange halten. Es gibt zahlreiche Arten der in Asien und Afrika heimischen Gattung Ixora. Die Farbenvielfalt ist groß, es gibt gelbe, rote, orangefarbene und weiße Ixoras. Sehr häufig sind rötliche Töne, daher der englische Name „Dschungelflamme" (siehe auch Kapitel Rote Blüten und Gelbe Blüten). Die Rötegewächse stellen 600 Gattungen mit gut 13.000 Arten. Zu ihnen gehören viele bekannte Nutzpflanzen, zum Beispiel der Kaffeestrauch (*Coffea arabica*) und der Waldmeister (*Galium odoratum*). Der Chinarindenbaum (*Cinchona calisaya*) liefert mit dem Wirkstoff Chinin die älteste Medizin gegen Malaria.

Korallenstrauch

Erythrina spec.

Familie: Fabaceae, Hülsenfrüchtler
Weitere deutsche Namen: Korallenbaum
Englische Namen: Coral tree, flame tree, tiger's claw
Spanische Namen: Amapola, madre del cacao, seibo, ceibo
Französische Namen: Erythrine
Niederländische Namen: Koraalboom, koraalstruik
Blüten: Rot, orange
Lebensform: Strauch, Baum bis 20 m
Ursprüngliche Heimat: Verbreitet in den gesamten Tropen mit diversen Arten

Wissenswertes: Die Gattung Erythrina enthä 128 Arten, deren Verbreitungsgebiet die Trope und Subtropen sind (siehe Kapitel Rote Blüter Korallenbäume dienen als Schattenspender auf Ka fee- und Kakaoplantagen und auch in Pfefferpfla zungen. Die Art *E. corallodendron* liefert ein kor artiges Holz, das sogenannte Korallenholz. Eini Arten enthalten giftige Substanzen, zum Beisp Rinde und Samen des Indischen Korallenbaum *Erythrina indica*. Sein Gift wird offenbar von de Einheimischen als eine Art Betäubungsmittel zu Fischfang verwendet. Diese Inhaltsstoffe (Alkal ide) können pharmazeutisch verarbeitet und dar als Heilmittel eingesetzt werden gegen Venenle den, Bronchitis und Asthma. Die jungen Blätt ungiftiger Korallenbaumarten werden als Gemü gegessen oder als Viehfutter verwertet. Die Blätt können gelb gezeichnet sein (*E. variegata*).

ROTE BLÜTEN

Foto: Ritterstern (*Hippeastrum*-Hybride)

© Springer-Verlag GmbH Deutschland 2017
K. Kreissig, *Häufige tropische und subtropische Zierpflanzen schnell nach Blütenfarbe bestimmen*,
https://doi.org/10.1007/978-3-662-55018-2_3

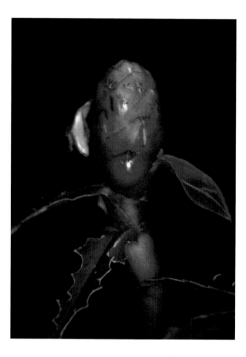

Spiral-Ingwer

Costus spec.

Familie: Costaceae
Weitere deutsche Namen: Kostwurz
Englische Namen: Spiral ginger, French kiss
Spanische Namen: Cana agria
Französische Namen: Canne d'eau
Niederländische Namen: Wendeltrap
Blüten: Gelb, orange, rot
Lebensform: Staude bis 1,5 m Höhe
Ursprüngliche Heimat: Tropisches Amerika
Wissenswertes: Spiral-Ingwerarten sind in den Tropen der Neuen Welt weit verbreitet, man findet sie an Waldrändern, Flussufern und Lichtungen. Kostwurzarten wurden früher zu den Ingwergewächsen gezählt, werden heute aber einer separaten Pflanzenfamilie zusammengefasst. Sie haben im Unterschied zu den Ingwergewächsen spiralförmig angeordnete Blätter und keine aromatischen Öle in Blättern und Stängel. Die Bestimmung von Kostwurzarten ist nicht leicht, die Pflanzen sind in der wissenschaftlichen Literatur oft mehrfach mit Synonymen beschrieben (zum Beispiel *Costus cylindricus*, *Costus scaber* und *Costus spicatus*). Die Hochblätter (Brakteen) sind rot, die eigentlichen Blüten sind vergleichsweise klein und gelb bis orange. Die echten Blüten stehen in den Achseln der Hochblätter. Der 7–8 cm lange Blütenstand ist kompakt und zapfenförmig. Die grünen Blätter der fotografierten Pflanze wurden von Blattschneideameisen „zersägt". Die Ameisen bewohnen Erdnester, in die sie die zerschnittenen Blätter tragen. Sie ernähren sich jedoch nicht von den Blättern, sondern zerkauen sie und legen damit das Substrat für ihre Pilzgärten an, die sie mit ihren Exkrementen düngen. Die Pilze (Schlauchpilze *Deuteromycetes*) bilden daraufhin kugelige Anschwellungen aus, das ist die eigentliche sehr eiweißreiche Nahrung für die Ameisen. Sie werden Kohlrabikörperchen, Ameisenbrötchen oder Ambrosia genannt. Die Blüten des Spiral-Ingwers werden durch Kolibris bestäubt, in Zentralamerika durch die Kolibriarten *Phaethornis superciliosus*, *Thalurania colombica* und *Amazilia tzacatl*, in Bolivien durch die Kolibris *Phaethornis pretrei*, *Phaethornis ruber*, *Phaethornis subochraceous* und *Thalurania furcata* bestäubt. Einige Spiral-Ingwerarten (zum Beispiel *Costus woodsonii*) besitzen Nektardrüsen am Blütenstand. Das zieht Ameisen an, die der Pflanze bei der Bestäubung helfen.

ibiskus

Hibiscus spec.

Familie: Malvaceae, Malvengewächse
Weitere deutsche Namen: Chinesische Rose, Eibisch, Roseneibisch
Englische Namen: Hibiscus, shoeblack plant
Spanische Namen: Amapola, hibisco, rosa china, clavel japones, malva de china
Französische Namen: Hibiscus, rose de Chine
Niederländische Namen: Matrozenroos, chinese roos, althaeastruik, schoenpotsplant
Blüten: Rot, rosa, weiß, orange, gelb
Lebensform: Strauch oder kleiner Baum
Ursprüngliche Heimat: Tropisches Asien
Wissenswertes: In vielen warmen Ländern sind Hibiskusarten ausgesprochen beliebte Zierpflan-

zen. Allein in der Karibik werden 200 Hibiskusarten kultiviert. Die schönen Blüten können einen Durchmesser von 15 cm haben, halten jedoch nur 1–2 Tage. Sie dienen vielerorts als Schmuck und werden besonders in ihrer Heimat Asien als Blumenopfer bei religiösen Zeremonien verwendet. Es gibt auch essbare Hibiskusarten: Die Früchte von *Hibiscus esculentus* werden als Gemüse (Okra) gegessen. Ein Aufguss der Blüten wird als Tee getrunken. Aus den Blütenblättern können Farbstoffe für Nahrungsmittel und Kosmetika gewonnen werden. Die Blätter mancher Arten gelten als Heilmittel bei Erkältungen, Heiserkeit und Entzündungen.

Ritterstern

Hippeastrum-Hybride

Familie: Amaryllidaceae, Amaryllisgewächse
Weitere deutsche Namen: Amaryllis, Barbados-Lilie,
Englische Namen: Barbados lily, lent lily, red lily
Spanische Namen: Amapola, amarilis, lirio
Französische Namen: Amaryllis, lis rouge, fleur trompette
Niederländische Namen: Ridderster
Blüten: Rot, rosa, weiß
Lebensform: Staude
Ursprüngliche Heimat: Tropisches Südamerika
Wissenswertes: Ähnlich wie der Adventsstern ist diese Pflanze in europäischen Breiten ein populärer Blumenschmuck zur Weihnachtszeit. Aus

der fast faustgroßen Zwiebel erscheinen riemenförmige Blätter und ein hohler Stängel mit 3-4 großen Blüten. Von den 98 Hippeastrum-Arten gibt es viele Zuchtformen in den verschiedensten Farben, viele werden in den Niederlanden gezüchtet und gehen auf die Art *Hippeastrum puniceum* zurück. Der Ritterstern enthält das Gift Lycorin, er sollte außerhalb der Reichweite von kleinen Kindern stehen. Auch bei Haustieren, besonders Katzen, ist Vorsicht geboten. Die Verwendung des Namens Amaryllis ist eigentlich nicht richtig, denn das ist eine südafrikanische Verwandte des Rittersterns namens *Amaryllis belladonna*. Weitere beliebte Mitglieder der Amaryllisgewächse sind Narzissen und Schneeglöckchen.

Afrikanischer Tulpenbaum

Spathodea campanulata

Familie: Bignoniaceae, Trompetenbaumgewächse

Weitere deutsche Namen: –

Englische Namen: African tulip tree, tulipan, fountain tree, flame of the forest

Spanische Namen: Espatodea, tulipán africano, Jacobo de Santo Domingo

Französische Namen: Bâton de sorcier, tulipier du Gabon

Niederländische Namen: Afrikaanse Tulpenboom

Blüten: Orange mit gelbem Rand, rot, gelb

Lebensform: Bis 20 m hoher Baum

Ursprüngliche Heimat: Tropisches Afrika

Wissenswertes: Die geschlossenen Blüten enthalten viel Nektar, der auf Druck abgegeben wird, daher der englische Name Fontänen- oder Springbrunnenbaum. Die Blütenstände können die Größe eines Tellers erreichen, sie werden von Vögeln bestäubt. Es gibt eine gelb blühende Variante des Afrikanischen Tulpenbaums. Der Baum wird auch auf den Kanarischen Inseln und in Nordafrika gepflanzt. Sein Holz ist hart und widersteht Feuer. Entdeckt wurde der Baum 1787 in Ghana, in seiner Heimat Afrika besitzt er eine magische Bedeutung. Er ist mittlerweile auch in den Tropen und Subtropen Amerikas weit verbreitet und wird in Australien, Puerto Rico und Hawaii sogar als invasiver Eindringling betrachtet.

Blumenrohr

Canna-Hybride

Familie: Cannaceae, Blumenrohrgewächse
Weitere deutsche Namen: Indisches Blumenrohr, Canna
Englische Namen: Canna, arrowroot
Spanische Namen: Achira, flor de cangrejo, platanillo de monte, yuquilla
Französische Namen: Balisier rouge, toloman, canne d'Inde
Niederländische Namen: Indische bloemriet
Blüten: Gelb, rot, orange, rosa
Lebensform: Staude, 1–2 m Höhe
Ursprüngliche Heimat: Asien, Mittel- und Südamerika, tropisches Afrika

Wissenswertes: Die Blüten des Blumenrohrs sind asymmetrisch, sie bestehen aus 3 Kelchblättern und 3 miteinander verwachsenen Kronblättern. Die runden Samen sind hart, sie befinden sich in einer Kapsel. Neben deren musikalischer Verwendung in Rumba- und Hula-Rasseln gibt Erzählungen von weniger friedfertigen Einsatzgebieten. Die ursprüngliche Bevölkerung Südamerikas soll die Samen als Munition in ihren Blasrohren verwendet haben. Angeblich übernahmen die frühen europäischen Siedler diese Idee und befüllten ihre Donnerbüchsen mit dem pflanzlichen Schrot. Wie gut das funktionierte, ist jedoch nicht überliefert.

Unempfindliche Zuchtformen der Canna blühen auch in Deutschland bis in den Oktober hinein. Sie können in Kübel und flache Teiche gepflanzt werden, der Standort sollte aber immer sonnig sein.

Springbrunnenpflanze

Russelia equisetiformis

Familie: Plantaginaceae, Wegerichgewächse
Weitere deutsche Namen: Russelie
Englische Namen: Coral plant, fountain plant, fountain bush, horsetail plant, firecracker
Spanische Namen: Lágrimas de amor, ajuma
Französische Namen: Goutte de sang, plante corail
Niederländische Namen: Koraal waterval
Blüten: Rot, weiß
Lebensform: Bis 1,5 m hoher Strauch
Ursprüngliche Heimat: Mexiko, Peru, Kolumbien
Wissenswertes: Als Anpassung an sonnige, trockene Standorte ist der schlanke Stamm der Russelie fotosynthetisch, die Blätter sind sehr klein. Die 2–3 cm langen Blüten werden von Kolibris be-

stäubt, sind aber auch für Schmetterlinge attraktiv. Die einzelnen Blüten ähneln Korallenpolypen, daher der englische Name Korallenpflanze. Die ursprüngliche Heimat ist Mexiko, aber die Russelie wurde in Mittelamerika eingeführt und ist dort ebenso wie auf den karibischen Inseln verwildert. Als Zierpflanze kommt sie im Mittelmeerraum vor, sie eignet sich auch für Steingärten. Es gibt eine seltenere weiße Variante. Benannt wurde die Pflanze nach dem englischen Naturforscher Alexander Russell (1715–1768).

Wegen der äußeren Ähnlichkeit mit dem Schachtelhalm Equisetum wurde die Pflanze *Russelia equisetiformis* genannt, was so viel bedeutet wie „schachtelhalm-ähnlich".

Anthurie

Anthurium x cultorum

Familie: Araceae, Aronstabgewächse
Weitere deutsche Namen: Große Flamingoblume
Englische Namen: Love flower, flamingo flower, heart flower, anthurium
Spanische Namen: Anturio
Französische Namen: Anthure, anthurium
Niederländische Namen: Flamingoplant, lakanthurium
Blüten: Rot, rosa, orange, weiß
Lebensform: Ca. 30–60 cm hohe Staude
Ursprüngliche Heimat: Tropisches Zentralamerika, Südamerika, Kolumbien
Wissenswertes: Anthurien sind auch in Europa beliebte Zierpflanzen von großer kommerzieller

Bedeutung. Die Gattung Anthurium umfasst rur 1000 Arten, die kultiviert und hybridisiert we den, Art- und Herkunftsbestimmung sind desha nicht einfach. Häufig findet man Anthurien i Hotels und Anlagen, auch in Sträußen und Ge stecken. Vermutlich gehen viele Sorten auf grür liche Wildformen zurück. Die Art *A. andraeanu* ist Ahnherrin vieler Züchtungen. Viele Anthurie blühen nur, wenn sie nachts kühlen Temperature ausgesetzt sind. Der Name besteht aus den grie chischen Wörtern „ánthos" (Blüte) und „ourε (Schwanz), Letzteres bezieht sich auf den kolben förmigen Blütenstand. Das ihn umgebende Hoch blatt (Spatha) ist auffällig gefärbt.

Rote Alpinie

Alpinia purpurata

Familie: Zingiberaceae, Ingwergewächse
Weitere deutsche Namen: Roter Ingwer
Englische Namen: Ginger, shell ginger, red ginger, strich plume ginger, shellflower
Spanische Namen: Boca de dragon, gengibre rojo, dragon, paraiso
Französische Namen: Gingembre rouge, lavande rouge, gingembre d'ornement
Niederländische Namen: Ginger lelie
Blüten: Weiß, rosa, rot, orange
Lebensform: Bis zu 3 m hohe Staude
Ursprüngliche Heimat: Neukaledonien, pazifische Inseln

Wissenswertes: Der essbare Ingwer ist nur eine von über 1500 Arten dieser Pflanzenfamilie, weitere bekannte Gewürze sind Kardamom und Curcuma. Die Rhizome (Wurzelstöcke) der Ingwergewächse sind oft knollenförmig verdickt, ein bekanntes Beispiel dafür ist die Ingwerknolle. Aber auch die sprossbürtigen Wurzeln können als Speicherorgane verdickt sein. Neben ihrer Bedeutung als Nutzpflanzen stellen die Ingwergewächse eine Reihe beliebter Zierpflanzen mit prächtigen Blüten. Die auffallenden roten „Blüten" der Alpinie sind in Wirklichkeit Tragblätter (Brakteen), die die eigentliche Blüte umgeben. Diese ist sehr klein und weiß, wie bei dem fotografierten Exemplar der Sorte Alpinia 'Jungle King' zu sehen. Alpinien sind in vielen tropischen Ländern verbreitet, als Schnittblume gibt es sie auch in Mitteleuropa.

Rizinus

Ricinus communis

Familie: Euphorbiaceae, Wolfsmilchgewächse
Weitere deutsche Namen: Wunderbaum
Englische Namen: Castor oil, castor bean
Spanische Namen: Palma Christi, higuera infernal, catapucia, ricino
Französische Namen: Ricin commun
Niederländische Namen: Wonderolieboom, wonderboom
Blüten: Rötlich, gelblich
Lebensform: Strauch bis 9 m Höhe
Ursprüngliche Heimat: Tropisches Afrika
Wissenswertes: Die Pflanze liefert das berühmt-berüchtigte Rizinusöl, das hauptsächlich wegen seiner abführenden Wirkung bekannt ist. Es bietet aber viele weitere Einsatzmöglichkeiten in Industrie, Technik, Pharmazie und Kosmetik, deshalb wird Rizinus in vielen Ländern kommerziell angebaut (zum Beispiel Brasilien, Indien und China) und ist durch Verwilderung entsprechend weit verbreitet. Rizinus besiedelt gestörte Standorte wie Schuttplätze und Straßenränder. Ähnlich wie das Wandelröschen ist er zum Problem geworden. In den USA ist das Anpflanzen von Rizinus unerwünscht und teilweise gesetzlich verboten (Florida, Texas). Das Protein Rizin ist giftig und in allen Teilen der Pflanze vorhanden, konzentriert ist es in den roten, stacheligen Samenkapseln, die im Vergleich zu den unscheinbareren Blüten sofort ins Auge fallen. 2 bis 3 dieser Früchte sollen bereits zum Tod eines Erwachsenen führen. Glücklicherweise ist Rizin nicht fettlöslich, denn sonst könnte man das Rizinusöl nicht verwerten.

Katzenschwänzchen

calypha hispida

Familie: Euphorbiaceae, Wolfsmilchgewächse
Weitere deutsche Namen: Nesselschön, Paradies-
essel
Englische Namen: Chenille plant, monkey tail,
red hot cat's tail, fire dragon acalypha, fox tail
Spanische Namen: Cola de Gato, califa
Französische Namen: Chenille, queue de chat,
jupon cancan, cancan, foulard
Niederländische Namen: Tropische Kattenstaart
Blüten: Rot, selten weiß
Lebensform: Bis 3 m hoher Strauch
Ursprüngliche Heimat: Süd-Ost-Asien, Malaii-
sches Archipel

Wissenswertes: Die Herkunft dieser wärmelie-
benden Zierpflanze ist nicht endgültig geklärt,
vermutlich kommt sie vom indomalaiischen
Archipel (Malaysia, Neuguinea). Nur weibliche
Pflanzen werden kultiviert. Die Blütenstände sind
ungewöhnlich und regen die Fantasie an, wie die
Namensgebung in verschiedenen Sprachen zeigt.
Neben dem spanischen und französischen Begriff
„Katzenschwanz" heißt es auf Englisch unter anderem „Affenschwanz" und „Fuchsschwanz". Die
englischen und französischen Namen „Chenille"
beziehen sich auf das Wort für Raupe. Jedes der
roten „Katzenschwänzchen" besteht aus vielen
winzigen Blüten, denen die Blütenblätter fehlen.
Diese Pflanze ist giftig.

Scharlachrote Hummerschere

Heliconia bihai

Familie: Heliconiaceae, Helikoniengewächse
Weitere deutsche Namen: –
Englische Namen: Red palulu, macawflower
Spanische Namen: Bajero, guineo cimarron, pampano, bijao
Französische Namen: Balisier rouge, balisier bihai
Niederländische Namen: –
Blüten: Rot, orange, grün, weiß
Lebensform: 1,5–4 m hohe Staude
Ursprüngliche Heimat: Südliches Mexiko, Peru, Brasilien

Wissenswertes: Die Hummerschere wird wegen ihrer Robustheit geschätzt, sie dient auch nicht nur als Zierde, denn ihre Blätter werden zum Einwickeln und Garen von Speisen benutzt. Die eigentlichen Blüten sind grün und weiß, sie verbergen sich in den Brakteen. Die Brakteen sind rot mit einem grünlichen Rand. Von *H. bihai* gibt es viele Sorten und Kreuzungen mit anderen Helikonien, vor allem mit der Karibischen Helikonie. In der Natur sind Kreuzungen zwischen verschiedenen Helikonienarten selten. Es kann eine ganze Reihe von Arten in einem Waldabschnitt vorkommen, ohne dass es zu Hybridisierung kommt. Das ist umso bemerkenswerter, weil die verschiedenen Pflanzen zur gleichen Zeit blühen und sogar durch dieselben Vogelarten bestäubt werden, in der Regel durch Kolibris. Eine Kreuzung der Arten wäre daher eine nahe liegende Folge.

Geschnäbelte Helikonie

Heliconia rostrata

Familie: Heliconiaceae, Helikoniengewächse
Weitere deutsche Namen: –
Englische Namen: Hanging lobster claw, painted lobster claw
Spanische Namen: Caete banana, platanillo
Französische Namen: Bananier, bec de perroquet, Heliconia rostré
Niederländische Namen: Snavelheliconia
Blüten: Rot, gelb, grüne Ränder
Lebensform: Bis 6,5 m hohe Staude
Ursprüngliche Heimat: Brasilien, Peru, Bolivien und Kolumbien
Wissenswertes: Für viele Pflanzenfreunde ist diese außerordentlich attraktive Blüte die schönste

Vertreterin der Helikonien. Die Geschnäbelte Helikonie ist die am meisten kultivierte Helikonienart. Ein Grund dafür ist sicher, dass sich die Blütenstände sehr lange in Gestecken halten. Die Pflanze muss windgeschützt stehen, denn ihre Blätter reißen leicht ein. Die Rippe auf der Unterseite der Blätter kann leicht rötlich gefärbt sein. Im Gegensatz zur Hummerschere mit aufrechtem Blütenstand, besitzt die Geschnäbelte Helikonie einen hängenden Blütenstand. Der Name beschreibt die ausgezogenen Brakteen, die an den Schnabel eines Vogels erinnern.

Die starken Farbkontraste sind typisch für ornithophile Blüten, das sind Blüten, die von Vögeln bestäubt werden. Bei den gefiederten Partnern der Helikonien handelt es sich vor allem um Kolibris und Nektarvögel. Die grelle Papageienfärbung in Rot, Gelb und sogar Grün zieht die Vögel an, zudem enthalten ornithophile Blüten oft große Mengen an Nektar. Auch wenn die Blüte der fotografierten Helikonie schon vorbei ist, so ist gut sichtbar, wie die eigentlichen, eher unscheinbaren Blüten weit aus den „Schnäbeln" herausragen. Der Blütenstand steht also frei und ist nicht mit Blättern umgeben. Die hindernisfreie Erreichbarkeit der Blüte ist ein wichtiger Faktor für den Erfolg der Fortpflanzung, denn Kolibris trinken den Nektar im Flug und landen nicht auf der Pflanze. Deshalb erleichtert die Helikonie den Vögeln den Anflug.

Dreifarbige Hummerschere

Heliconia wagneriana

Familie: Heliconiaceae, Helikoniengewächse
Weitere deutsche Namen: Wagnersche Helikonie, Regenbogenhelikonie
Englische Namen: Easter heliconia, rainbow heliconia
Spanische Namen: Heliconia arco iris
Französische Namen: Héliconia de Wagner
Niederländische Namen: –
Blüten: Rot, gelb, grün
Lebensform: Bis zu 5 m hohe Staude
Ursprüngliche Heimat: Belize, Guatemala, Kolumbien

Wissenswertes: Wie bei vielen Helikonien m■ aufrechtem Blütenstand sind die Tragblätter d● Wagnerschen Helikonie oft mit Wasser gefül. Dieses Miniaturgewässer ist ein eigener klein● Lebensraum für sich und dient als Brutstätte nic■ nur für Insekten. Sogar kleine Frösche nutzen d● „Hotel Heliconia" für die Eiablage und die En■ wicklung ihrer Kaulquappen.

Helikonienblüten vereinen oft mehrere Farben ■ ihrem Blütenstand, die Regenbogenhelikonie i● dafür ein gutes Beispiel. Die Brakteen sind ge■ grundiert mit einer grünen Umrandung und r●ten oder rosafarbenen Flächen. Charakteristisc● sind die gewellten Blattränder. Die Staude ist kä■ teempfindlich und braucht wie viele Helikonie■ einen windgeschützten Platz, damit ihre Blätt● nicht einreißen.

Wissenswertes: Die Blütenblätter des Koralleneibischs sind unterteilt, die Blüte erhält dadurch eine zierliche, in zarte Fransen gelöste Form, die sehr exotisch wirkt. Die Blätter des Koralleneibischs sind hellgrün. Die Staubfäden sind wie bei allen Hibiskusarten über fast die gesamte Länge zu einer Röhre verwachsen. Diese Zierpflanze sieht man seltener als die bekannteren, ungeteilten Hibiskusblüten. Der Koralleneibisch auf dem Foto war Teil einer Hecke aus verschiedenen Hibiskusarten, er kann jedoch auch als Solitärpflanze gesetzt werden. Die Malvengewächse sind eine Familie mit gut 4200 Arten, ihr Verbreitungsschwerpunkt sind die Tropen. Sie besitzen meist große, dekorative Blüten, viele sind deshalb Zierpflanzen wie Malve und Hibiskus. Eine bekannte Nutzpflanze unter ihnen ist die Baumwolle.

Koralleneibisch

Hibiscus schizopetalus

Familie: Malvaceae, Malvengewächse
Weitere deutsche Namen: Japanische Laterne, Zerschlitzter Roseneibisch
Englische Namen: Coral hibiscus, fringed hibiscus, dissected hibiscus, parasol hibiscus, Japanese lantern
Spanische Namen: Farolito chino
Französische Namen: Lanterne japonaise, hibiscus corail
Niederländische Namen: Japanse lantaarn
Blüten: Rot, rosa
Lebensform: Strauch
Ursprüngliche Heimat: Tropisches Ost-Afrika

Schlafmalve

Malvaviscus arboreus

Familie: Malvaceae, Malvengewächse
Weitere deutsche Namen: Wachsmalve, Beerenmalve
Englische Namen: Turk's cap, Turk's turban, cardinals hat, pepper hibiscus, sleeping hibiscus, ladies teardrops, wild fuchsia, Scotchman's purse, wax mallow
Spanische Namen: Amapola, tulipancillo
Französische Namen: Hibiscus dormant, hibiscus piment
Niederländische Namen: Wasmalve
Blüten: Rot
Lebensform: Bis 5 m hoher Strauch
Ursprüngliche Heimat: Zentralamerika

Wissenswertes: Der englische Name vergleic die Blüte und dabei wohl besonders deren Fä bung mit einem türkischen Fes (Schreibwei auch Fez). Der Fez war eine früher im Orie: weit verbreitete krempenlose Kopfbedeckung a rotem Filz mit einer Quaste. Der deutsche Nam wurde gewählt, weil die Blüte wie eine geschlo: sene Hibiskusblüte aussieht. Die Bestäubung e folgt durch Kolibris, daher die signalroten Blüte und die aus den 5 Blütenblättern herausragende Staub- und Fruchtblätter, die den Pollen am G: fieder oder am Schnabel der Vögel abstreife: Die nah verwandte Art *M. penduliflorus* hat ro: rosafarbene oder weiße Blüten. Die Schlafmal: stammt aus Zentralamerika, man findet sie in M: xiko, Peru, Bolivien, in der karibischen Inselwe: und in südeuropäischen Gärten.

Weihnachtsstern

Euphorbia pulcherrima

Familie: Euphorbiaceae, Wolfsmilchgewächse

Weitere deutsche Namen: Adventsstern, Poinsettie

Englische Namen: Christmas star, painted leaf, fire plant, Christmas flower, poinsettia

Spanische Namen: Bandera, flor de Pascuas, pastora

Französische Namen: Poinsettia, étoile de Noël, euphorbe superbe, six moix rouge

Niederländische Namen: Kerster, Poinsettia

Blüten: Rot, gelb, rosa, orange, weiß

Lebensform: Strauch bis 4 m Höhe

Ursprüngliche Heimat: Südmexiko und nördliches Guatemala

Wissenswertes: Der Weihnachtsstern ist eine beliebte, weltweit verbreitete Zierpflanze. In wärmeren Regionen steht er in Gärten und Anlagen, in gemäßigten Breiten hält man ihn als kleine Zimmerpflanze besonders zur Weihnachtszeit. Die Wildform wird kaum kultiviert, die käuflichen Pflanzen sind Hybriden. Es wird auch eine Zuchtvariante mit weißen Hochblättern angeboten, seltener findet man rosafarbene und orangefarbene Züchtungen. Der Weihnachtsstern blüht im Winter, es sind 14 h Dunkelheit nötig, damit die Blüte ausgelöst wird. Die kräftig rot gefärbten „Blütenblätter" sind Hochblätter, die eigentlichen Blüten sind gelb und recht unscheinbar. Die Azteken gewannen einen Farbstoff aus den Hochblättern. Alle Teile der Pflanze sind giftig.

Peregrine

Jatropha integerrima

Familie: Euphorbiaceae, Wolfsmilchgewächse
Weitere deutsche Namen: –
Englische Namen: Peregrina, spice jatropha
Spanische Namen: Peregrina, jatrofa
Französische Namen: Epicar, Médicinier
Niederländische Namen: Flessenplant
Blüten: Rot
Lebensform: Bis 3 m hoher Strauch
Ursprüngliche Heimat: Kuba
Wissenswertes: Die 8000 Arten der Wolfsmilch-gewächse bewohnen hauptsächlich die Tropen und Subtropen. Viele haben sich besonders an trockenes Klima angepasst. Die Erscheinungsform ist vielfältig: Es gibt Bäume, Sträucher, Stauden und Kräuter. Viele haben ein sukkulentenähnlich Aussehen und werden mit Kakteen verwechse Mit „Wolfsmilch" ist der bei vielen Vertretern g tige Saft gemeint, der bei den Kakteen fehlt. Au die Peregrine enthält Milchsaft und alle Teile d Pflanze sind giftig. Die Blüten ähneln denen d Oleanders, sind aber fast geruchlos. Sie zieh trotzdem viele Schmetterlinge an. Die Blätt sind zu einer Träufelspitze ausgezogen, an d das Regenwasser besonders gut abtropfen kan So können die Blätter auch nach einem tropisch Regenguss rasch trocknen, was die Besiedlu durch Moose und Algen verhindert. Im Gegensa zu vielen Wolfsmilchgewächsen ist die Blüte d Peregrine nicht reduziert, sie hat richtige Kelc und Blütenblätter.

Scharlachrote Ixora

Ixora macrothyrsa

Familie: Rubiaceae, Rötegewächse
Weitere deutsche Namen: –
Englische Namen: Ixora, flame of the wood, jungle flame, jungle geranium
Spanische Namen: Santa rita, ixora guillermina, Cruz de Malta
Französische Namen: Jasmine antillaise
Niederländische Namen: Ixora
Blüten: Rot, orange, gelb, weiß
Lebensform: Bis 5 m hoher Strauch
Ursprüngliche Heimat: Asien
Wissenswertes: Ixoras sind beliebte Zierpflanzen und in den gesamten Tropen und Subtropen verbreitet. Es gibt derart viele Zuchtformen in verschiedenen Farbvarianten, dass eine Artbestimmung in den meisten Fällen ein hoffnungsloses Unterfangen ist (siehe auch Kapitel Gelbe und Orangefarbene Blüten). Die kleinen Blüten sind trompetenförmig, sie sind schlank und röhrenartig an der Basis und laufen dann in 4 Blütenblätter aus. So entstand einer der spanischen Namen: Cruz de Malta – Malteserkreuz. Besonders häufig sind tiefrote Ixoras wie die hier gezeigte Pflanze, bei der es sich – wahrscheinlich – um die Scharlachrote Ixora handelt.

Justicie

Justicia brandegeeana

Familie: Acanthaceae, Akanthusgewächse
Weitere deutsche Namen: Zimmerhopfen
Englische Namen: Shrimp plant, false hop, Mexican shrimp plant
Spanische Namen: Carpintero, flor de camarones, cola de camaron
Französische Namen: Herbe a charpentier, plante crevette
Niederländische Namen: Garnaalbos
Blüten: Weiß, rot, gelb
Lebensform: Bis 1 m hoher Strauch
Ursprüngliche Heimat: Mexiko
Wissenswertes: Der Name dieser originellen Pflanze geht auf den schottischen Gärtner James Justice (1698–1763) zurück. Die eigentliche Blüte ist weiß und röhrenförmig, auf dem Foto hängt sie im Schatten an der Basis des Blütenstandes und zeigt nach unten. Sie ist umgeben von braunroten Tragblättern, die wie Dachziegel überlappend angeordnet sind. Die Blüte wird von Insekten bestäubt. Der englische Name „shrimp plant" und der mexikanische Name „flor de camarones" beschreiben das krebsschwanzartige Aussehen des Blütenstandes. Der deutsche Name Zimmerhopfen macht deutlich, dass die Justicie hierzulande gerne als Zimmerpflanze gepflegt wird. Es gibt einige Farbvariationen, darunter auch die gelbe Form 'Yellow Queen'. Sie wird immer wieder mit der Gelben Dickähre verwechselt (siehe Kapitel Gelbe Blüten). In Florida ist die Justicie verwildert.

Aechmea aquilega

Aechmea aquilega

Familie: Bromeliaceae, Ananasgewächse

Weitere deutsche Namen: –

Englische Namen: –

Spanische Namen: Pina, pinuela

Französische Namen: –

Niederländische Namen: –

Blüten: Weiß, grünlich mit roten Brakteen

Lebensform: Epiphyte, auch als Staude am Boden wachsend

Ursprüngliche Heimat: Mittel- und Südamerika wie Costa Rica, Venezuela, Brasilien, Trinidad und Tobago

Wissenswertes: Die Gattung Aechmea besteht aus 290 Arten, außerdem vielen Zuchtformen und Hybriden. Sehr beliebt als Zierpflanze ist die immergrüne und in zahlreichen Farbvarianten gezogene *Aechmea fasciata*, sie besitzt ebenfalls rötliche Hochblätter und rote, gelbe oder violette Blüten. Viele Bromelien sind Epiphyten, das heißt, sie wachsen nicht auf dem Boden, sondern auf anderen Pflanzen. Das ist kein Parasitismus, die Epiphyten nutzen nur die besseren Lichtverhältnisse in der Höhe. Diese epiphytisch lebenden Arten verwenden ihre rosettenartig angeordneten Blätter als Trichter und sammeln Wasser und Nährstoffe an. Mit speziellen mehrzelligen Absorptionshaaren können sie Flüssigkeit über die Blätter aufnehmen und sind nicht auf Wurzeln angewiesen. Die Zisternen bilden einen Kleinstlebensraum für Insekten und Amphibien. Bestäubt werden die Blüten durch Insekten oder Kolibris. Viele Bromelien haben nur eine wissenschaftliche Bezeichnung und einen englischen oder spanischen Namen.

Stolz von Barbados

Caesalpinia pulcherrima

Familie: Fabaceae, Hülsenfrüchtler (Unterfamilie Caesalpinioideae)
Weitere deutsche Namen: Pfauenstrauch
Englische Namen: Pride of Barbados, peacock flower, dwarf poinciana, bird-of-paradise flower, flower fence
Spanische Namen: Clavellina, hoja de sen, malinche, guacamayo
Französische Namen: Poincillade, orgueil de Chine, petit flamboyant
Niederländische Namen: Trots van Barbados, pauwenbloem
Blüten: Rot, orange, gelb
Lebensform: Kleiner Baum bis 3 m

Ursprüngliche Heimat: Tropisches Amerika
Wissenswertes: Der Stolz von Barbados ist a**l** trocken- und salzresistente Pflanze weltweit i**n** den Tropen und Subtropen als Zierpflanze ve**r** breitet. Die Gattung enthält etwa 160 Sträuche**r** und Bäume der alten und neuen Welt. Typisc**h** sind die doppelt gefiederten Blätter, gelbe ode**r** rote Blütenrispen und lederartige Hülsenfrücht**e** Sie wurde nach dem italienischen Botanike**r,** Mediziner und Philosophen Andrea Cesalpin**i** (1519–1603) benannt, latinisiert Caesalpinius. E**r** war Direktor des botanischen Gartens in Pisa un**d** Leibarzt von Papst Clemens VIII. Der Artnam**e** *„pulcherrima"* bedeutet „die Schönste". Es gib**t** gelbe Kulturformen, zum Beispiel C. *pulcherrim***a** var. flava (siehe Kapitel Gelbe Blüten).

Flammenbaum

Delonix regia

Familie: Fabaceae, Hülsenfrüchtler
Weitere deutsche Namen: –
Englische Namen: Royal poinciana, flamboyant, flame tree, flame of the forest
Spanische Namen: Flamboyán, arbol de fuego, malinche, tabuchín, guacamaya
Französische Namen: Flamboyant
Niederländische Namen: Flamboyant boom
Blüten: Rot, gelb, orange
Nutzwert: Bis 15 m hoher Baum
Ursprüngliche Heimat: Madagaskar
Wissenswertes: Der Flamboyant ist ein beliebter Zierbaum, er wird in Parks, Gärten und Anlagen gepflanzt und ist in den gesamten Tropen vorhanden. Das Holz dient als Baumaterial, aus Rinde und Blüten werden Farbstoffe gewonnen. 4 der 5 Blütenblätter sind fast einfarbig rot bzw. orangerot, das 5. trägt eine weiße oder gelbliche Zeichnung, was vermutlich ein Signal für nektarsuchende Vögel ist. Zuchtformen blühen gelb oder orange.

Dieser Baum ist der Nationalbaum sowohl Puerto Ricos als auch der Marianen und des Inselstaates St. Kitts und Nevis. Der englische Name Poinciana erinnert an Philippe de Poincy (1583–1660), im 17. Jahrhundert Gouverneur der Antillen.

Das Abholzen führte in seiner Heimat dazu, dass der Baum fast ausgestorben war, bis man ihn 1932 wiederentdeckte. Er ist auch heute noch in Madagaskar bedroht.

Zylinderputzerbaum

Callistemon spec.

Familie: Myrtaceae, Myrtengewächse
Weitere deutsche Namen: Schönfaden, Lampen-
putzer
Englische Namen: Bottlebrush tree
Spanische Namen: Callistemo, limpiatubos llorón
Französische Namen: Callistémon, plante gou-
pillon, rince-bouteille, rince-biberon
Niederländische Namen: Lampepoetser
Blüten: Rot, rosafarbene Zuchtformen
Lebensform: Kleiner Baum bis 12 m Höhe
Ursprüngliche Heimat: Australien, Tasmanien
Wissenswertes: Die Blüten dieses außerge-
wöhnlichen Baumes hängen in bis zu 25 cm lan-
gen, bürstenähnlichen Ähren. Die langen roten

Staubblätter der Blüten gaben dem Baum seine
wissenschaftlichen Namen (Stemon = Staubblat
kalós = schön). Kelch- und Blütenblätter hingege
sind unauffällig. Für die Fortpflanzung ist der Zy
linderputzer auf die regelmäßigen Buschbränd
in seiner Heimat angewiesen. Dies erscheint zu
nächst widersprüchlich, doch die Früchte brau
chen die Hitze des Buschfeuers, um sich öffne
zu können und die Samen freizugeben. Nac
einem Brand können die jungen schnell keimen
den Zylinderputzer fast konkurrenzlos wachser
Pflanzen, die von solchen periodischen Brände
begünstigt werden, nennt man Pyrophyten („py
rethron" ist der griechische Begriff für Feuer)
Der Baum wurde auf Teneriffa fotografiert, i
Deutschland ist er als Kübelpflanze erhältlich.

Korallenstrauch

Erythrina crista-galli

Familie: Fabaceae, Hülsenfrüchtler

Weitere deutsche Namen: Brasilianischer Korallenstrauch, Hahnenkamm

Englische Namen: Cockspur coral tree, cry baby tree, cock's comb

Spanische Namen: Gallito, ceibo

Französische Namen: Arbre corail, erythrine crête de coq

Niederländische Namen: Koraalboom, koraalstruik

Blüten: Rot

Lebensform: Strauchartiger Baum bis 5 m

Ursprüngliche Heimat: Brasilien

Wissenswertes: Die Korallenbäume erhielten ihren Namen wegen der korallenroten Farbe ihrer Blüten (erythrós = griech. rot). Einige bilden nierenförmige, rote Samen, die wie Korallenstückchen wirken und zu Ketten aufgezogen werden. Die Samen des Brasilianischen Korallenstrauchs sind jedoch schwarz und wie alle Teile der Pflanze giftig. Die Farbe der Blüte ist bei einigen Arten orange (siehe auch Kapitel Orangefarbene Blüten), selten rosa, gelb oder weiß. Die Blüte von *E. crista-galli* ist die Nationalblüte Argentiniens und Uruguays. Die Blüten sind nicht nur optisch ansprechend, ihr Nektar hat einen hohen Zucker- und Aminosäureanteil und ist beliebt bei Vögeln. Der englische Name „cry baby" bedeutet „weinendes Baby". Die Blüte kann so viel Nektar produzieren, dass er in dicken Tropfen – Tränen – an den Blütenblättern hängt. Korallensträucher sieht man gelegentlich auch bei uns als Kübelpflanze.

Puderquastenstrauch

Calliandra haematocephala

Familie: Fabaceae, Hülsenfrüchtler
Weitere deutsche Namen: –
Englische Namen: Powder puff tree, mimosa, redhead calliandra
Spanische Namen: Granolino, bellota
Französische Namen: Calliandre, pompon de marin, arbre aux houpettes
Niederländische Namen: Calliandra
Blüten: Rot
Lebensform: Baum, ca. 7 m hoch
Ursprüngliche Heimat: Bolivien, Mittel- bis Südamerika
Wissenswertes: Der Blütenstand dieses Strauches sieht wirklich aus wie eine Puderquaste, dieser „Pinsel" besteht aus den vielen einzelnen Staubfäden der Blüte, sie können 5 cm lang sein. Der wissenschaftliche Name dieses Strauches bedeutet so viel wie „roter Kopf". Es gibt weiß blühende Puderquastensträucher und Miniaturformen, die man als Bonsai ziehen kann. Es kann sehr schwierig sein, die verschiedenen Arten und Zuchtformen auseinanderzuhalten. Ein Verwandter des Puderquastenstrauchs ist der Regenbaum. An den Blättern des Strauches kann man die Verwandtschaft mit der Mimose erkennen, die ebenfalls gefiederte Blätter trägt. Es gibt etwa 140–170 Calliandra-Arten, die wegen der lustigen Blüten in vielen tropischen Ländern geschätzt sind. Sie sind beliebt bei Schmetterlingen und Vögeln.

ROSAFARBENE BLÜTEN

Foto: Schmetterlingsorchidee (*Phalaenopsis*)

K. Kreissig, *Häufige tropische und subtropische Zierpflanzen schnell nach Blütenfarbe bestimmen*,
https://doi.org/10.1007/978-3-662-5501 2 4

Regenbaum

Albizia saman

Familie: Fabaceae, Hülsenfrüchtler
Weitere deutsche Namen: –
Englische Namen: Monkeypod, cow tamarind, rain tree
Spanische Namen: Cenízero, genízero
Französische Namen: Arbre á pluie
Niederländische Namen: Regenboom
Blüten: Weiß, rosa
Lebensform: Baum
Ursprüngliche Heimat: Mexiko, nördliches Südamerika, tropisches Afrika und Asien
Wissenswertes: Wie entstand der Name Regenbaum? Die Blätter schließen sich nachts und bei Bewölkung, dann lassen sie Regen ungehindert durch. Es heißt, dieser Baum tauge daher wenig als Unterstand bei einem Schauer. Außerdem werden diese Bäume von Insekten befallen, die Pflanzensaft saugen. Deren Absonderungen können es unter dem Baum „regnen" lassen. Trotzdem wird er in Kakaoplantagen, Parks und Viehweiden als Schattenspender gepflanzt, sein Holz wird zu Möbeln und Schnitzereien verarbeitet. Der Baum wird auch als *Samanea saman* oder *Pithecellobium saman* bezeichnet. *Pithecellobium* bedeutet „Affenohrringe" und bezieht sich auf die 10–20 cm langen Samenschoten. Sie werden als Viehfutter verwendet. Die Mimosengewächse gehören zu den Hülsenfrüchtlern, unter ihnen gibt es sogar Wasserpflanzen, die Wassermimosen (Gattung Neptunia). Ein Merkmal der Blüten sind die zahlreichen herausragenden Staubblätter, Blüten- und Kelchblätter sind stark zurückgebildet. Die bekanntesten Vertreter sind Akazien und Mimosen.

Mussaenda

Mussaenda erythrophylla

Familie: Rubiaceae, Rötegewächse
Weitere deutsche Namen: –
Englische Namen: Red flag bush, Ashanti blood, Tropical dogwood, Bhudda's lamp
Spanische Namen: Musaenda, flor de trapo
Französische Namen: Sang des achantis
Niederländische Namen:
Blüten: Rosa, rot, weiß
Lebensform: Kleiner Baum oder großer Strauch bis 3 m Größe
Ursprüngliche Heimat: Tropisches Afrika
Wissenswertes: Die auffälligen rosafarbenen Blätter sind die Kelchblätter (Sepalen) der Blüte, die bei der Standardausführung einer Blüte klein und grün sind und von den Kronblättern überdeckt werden. Die 5 Blütenblätter sind miteinander verwachsen und bilden einen kleinen gelben Stern. Eine rote Variante ist in den Städten Amazoniens als Zierpflanze zur Weihnachtszeit beliebt. Es sind etwa 190 Mussaenda-Arten aus dem tropischen Afrika, Asien und einigen pazifischen Inseln bekannt. Der Name Mussaenda kommt möglicherweise aus Sri Lanka. Auch die malaiische Sprache wird als Quelle vermutet, das Wort „nusenda" bedeutet so viel wie wunderschön. Die Zuchtformen aus Asien und den Philippinen werden oft nach berühmten Frauen benannt (zum Beispiel nach Sirikit, der Königin von Thailand).

Oleander

Nerium oleander

Familie: Apocynaceae, Hundsgiftgewächse
Weitere deutsche Namen: Rosenlorbeer
Englische Namen: Oleander, rose-bay
Spanische Namen: Adelfa, baladre
Französische Namen: Oléandre, laurier-rose
Niederländische Namen: Oleander
Blüten: Rosa, weiß, gelb, gestreift
Lebensform: Strauch, kleiner Baum, 3–6 m hoch
Ursprüngliche Heimat: Mittelmeerraum, Kleinasien
Wissenswertes: Der Oleander ist trotz seiner Giftigkeit ein ausgesprochen beliebter Zierstrauch und in zahlreichen Kulturformen und Farben verbreitet (siehe auch Kapitel Weiße Blüten). In Südeuropa wird Oleander als Freilandzierpflanze, in Mitteleuropa als Kübelpflanze gepflegt. In wärmeren Breiten setzt man ihn in Hotelgärten und Parkanlagen. Der griechische Arzt Dioskurides wusste bereits im 1. Jahrhundert nach Christus über die Giftigkeit des Oleanders. In seiner Arzneimittellehre „De Materia Medica" wurde ein Getränk aus Wein und Oleander als Gegengift bei Bisswunden giftiger Tiere beschrieben, insbesondere bei Schlangenbissen. Vom Nachkochen dieses Gebräus wird dringend abgeraten, denn alle Teile der Pflanze sind für Mensch und Tier sehr giftig.

Rote Frangipani

Plumeria rubra

Familie: Apocynaceae, Hundsgiftgewächse
Weitere deutsche Namen: Pagodenbaum, Tempel-strauch
Englische Namen: Frangipani, pagoda tree, plumeria, temple tree
Spanische Namen: Franchipán, lirio de la costa, Jelí, flor de mayo
Französische Namen: Frangipanier rouge
Niederländische Namen: Frangipani, tempel-boom
Blüten: Rosa, gelb, weiß
Lebensform: Kleiner Baum, 8–10 m hoch
Ursprüngliche Heimat: Mittelamerika

Wissenswertes: Es wird erzählt, dass Frangipani der Name eines italienischen Parfümherstellers war und der intensiv duftende Baum nach ihm benannt wurde. Der Baum stammt aus Mittelamerika, er wurde in viele Länder eingeführt. Die Frangipani wird besonders in Indien, auf Sri Lanka und in Südostasien nahe Tempeln und Friedhöfen gepflanzt, sie steht für Unsterblichkeit. Die Blüten haben 5 propellerartig gedrehte Kronblätter und duften intensiv. Sie dienen als Schmuck in Kränzen, Girlanden und als Opfergabe. Neben dem rosa blühenden Frangipani gibt es die weiß blühende Art *Plumeria alba* (auch „West Indian Jasmin" genannt, siehe auch Kapitel Weiße Blüten) und viele Zuchtformen. Die Gattung Plumeria heißt nach dem französischen Botaniker Charles Plumier (1646–1704). Alle Pflanzenteile enthalten giftigen Milchsaft.

Rosafarbene Catharanthe

Catharanthus roseus

Familie: Apocynaceae, Hundsgiftgewächse
Weitere deutsche Namen: Madagaskar-Immer-grün
Englische Namen: Madagascar periwinkle, old maid, ramgoat rose, consumption bush
Spanische Namen: Jazmin del mar, clavelina, playera, príncipes, vinca de Madagascar
Französische Namen: Cayenne jasmine, perven-che de sables, pervenche de Madagascar
Niederländische Namen: Roze maagdenpalm
Blüten: Rosa mit violettem Schlund, weiß mit rotem Schlund
Lebensform: Bis zu 80 cm hohes Kraut
Ursprüngliche Heimat: Madagaskar

Wissenswertes: Die Catharanthe ist als Zier-pflanze in vielen tropischen und subtropischen Ländern verbreitet, sie wächst auch wild an Stra-ßenrändern und auf Schuttplätzen. Der Name ist eine Verbindung der griechischen Wörter „ka-tharós" (rein) und „ánthos" (Blume). Möglicher-weise stammt sie aus Zentralamerika und wurde erst von Seeleuten nach Madagaskar eingeführt. Sie hat große Bedeutung in der Volksmedizin vie-ler Länder, beispielsweise werden Blütenextrakte als Heilmittel bei Asthma und Diabetes verwen-det. Diese Pflanze enthält über 70 Alkaloide, einige davon werden in der Tumorbehandlung gegen Leukämie und Diabetes eingesetzt, zum Beispiel die Zytostatika Vinblastin und Vincristin.

Mexikanischer Knöterich

Antigonon leptopus

Familie: Polygonaceae, Knöterichgewächse
Weitere deutsche Namen: Korallenwein
Englische Namen: Mexican creeper, coral vine, chain of love
Spanische Namen: Amor enredado, rosa de mayo, fuente de miel, cadena de amor, rose de montaña, coralina, coralita
Französische Namen: Belle mexicaine, coralita, liane corail
Niederländische Namen: Koraalklimmer
Blüten: Rosa, weiß
Lebensform: Kletterpflanze, Strauch
Ursprüngliche Heimat: Mexiko

Wissenswertes: Die Knöterichgewächse bekamen ihren Namen, weil sie verdickte Knoten an den Stängeln haben. Die Blüten der Wildformen sind oft unscheinbar und sitzen in Büscheln oder Scheinähren. Der Mexikanische Knöterich ist dagegen sehr auffällig. Die Blüte besitzt 5 herzförmige, rosafarbene Kelchblätter (Sepalen), die sicher zum englischen und spanischen Namen „Kette der Liebe" geführt haben. Die Kronblätter (Petalen) sind wenig entwickelt. Die Blüten sind nektarreich und dienen der Honiggewinnung. Die bis zu 4 kg schweren Wurzelknollen enthalten Stärke und werden als Gemüse gegessen. Der Mexikanische Knöterich hat sich von seiner Heimat aus über ganz Mittelamerika bis auf die karibischen Inseln verbreitet. Er kann leicht verwildern und außer Kontrolle geraten, in Florida und auf manchen Inseln (Guam, Fidschi) gilt diese Art als invasiver und schädlicher Eindringling.

Bougainvillie

Bougainvillea glabra

Familie: Nyctaginaceae, Wunderblumengewächse
Weitere deutsche Namen: Kahle Drillingsblume
Englische Namen: Bougainvillea, paper flower
Spanische Namen: Boganbilla, flor de verano, manto de Jesus, veranera, papelillo, trinitaria, bougainvillea, bouganvilea
Französische Namen: Bougainvillée
Niederländische Namen: Bougainvillea
Blüten: Violett, rosa, weiß, orange
Lebensform: Strauch, Kletterpflanze
Ursprüngliche Heimat: Brasilien
Wissenswertes: Die Wunderblumengewächse sind eine den Nelken nahe verwandte Pflanzenfamilie mit etwa 350 Arten. Die Gattung Bou-gainvillea enthält 18 Arten im tropischen und subtropischen Amerika, hinzu kommen zahlreiche Zuchtformen. Es werden verschiedene Farben von orange bis rot, rosa, violett, magenta und weiß kultiviert (siehe auch Kapitel Weiße Blüten). Verschiedenfarbige Bougainvillien werden als Hecke gepflanzt und in den warmen Urlaubsgebieten gibt es kaum noch eine Hotelanlage, in der keine Bougainvillie steht. So ist die aus Brasilien stammende Pflanze heute nicht nur in den gesamten Tropen und Subtropen, sondern auch in Mittel- und Südeuropa vorhanden. Die Pflanze blüht besonders intensiv zur Trockenzeit, daher der spanische Name „flor de verano", übersetzt „Blume des Sommers".

Wandelröschen

Lantana camara

Familie: Verbenaceae, Eisenkrautgewächse
Weitere deutsche Namen: –
Englische Namen: Leaf sage, wild sage, yellow sage, polecat geranium
Spanische Namen: Alantana, corona de sol, camara
Französische Namen: Camara commun, lantanier, mille fleur
Niederländische Namen: Koorsoe wiwiri, wisselbloem, verkleurbloom
Blüten: Rosa, violett, gelb, orange
Lebensform: Bis 4 m hoher Strauch
Ursprüngliche Heimat: Mexiko

Wissenswertes: Die 3–5 mm großen Blüten des Wandelröschens können einfarbig sein (zum Beispiel violett) oder gemischtfarbig (zum Beispiel gelb/orangerot). Sie wechseln im Lauf des Blühens ihre Farbe (siehe auch Kapitel Orangefarbene Blüten). Die ungewöhnliche Pflanze wird deshalb zunehmend beliebter als Bepflanzung von Hotelanlagen. Das ist nicht unproblematisch, weil die Pflanze leicht verwildert und dann die einheimische Pflanzenwelt verdrängt. Die Art *Lantana montevidensis* stammt aus Brasilien und Uruguay und ist nach ihrer Einführung in Texas und Florida verwildert. In einigen Gebieten der Welt (zum Beispiel auf Hawaii) ist das Wandelröschen als hartnäckiges Unkraut eine gefürchtete Plage geworden. Blätter und Beeren sind giftig.

Karikaturpflanze

Graptophyllum pictum

Familie: Acanthaceae, Akanthusgewächse
Weitere deutsche Namen: –
Englische Namen: Caricature plant
Spanische Namen: Graptofilo
Französische Namen: Plante chocolat
Niederländische Namen: –
Blüten: Violett, rosa
Lebensform: Bis 2,5 m hoher Strauch
Ursprüngliche Heimat: Neuguinea, Australien
Wissenswertes: Graptophyllum kommt aus dem Griechischen und beschreibt das Aussehen der Blätter, „graptos" bedeutet beschrieben, und „phyllon" ist das Blatt – also in etwa „beschriebenes Blatt". Wegen der Zeichnung auf den Blättern

wird die Pflanze scherzhaft auch „Rorschach-Test-Pflanze" genannt. Der Schweizer Psychiater Hermann Rorschach (1844–1922) entwickelte einen psychologischen Test, bei dem klecksartige Figuren zu deuten sind. Die röhrenförmigen Blüten sind merkwürdig geformt. Die Blütenblätter sind am Rand eingerollt. Sie sehen aus wie kleine Keulen, solange sie Knospen sind. Dieser Zierstrauch wird seit Langem in Südostasien kultiviert, seine genaue Herkunft ist unbekannt, vermutlich kommt er aus Neuguinea oder Australien. Die Pflanze ist auch unter den Synonymen *Justicia picta* und *Graptophyllum hortense* bekannt. Die Zuchtform *G. pictum* 'Black Beauty' besitzt dunkelrote Blätter.

Rote Alpinie

Alpinia purpurata

Familie: Zingiberaceae, Ingwergewächse
Weitere deutsche Namen: Roter Ingwer
Englische Namen: Ginger, shell ginger, ostrich plume ginger, red ginger, shellflower
Spanische Namen: Paraiso, boca de dragon, dragon, gengibre rojo
Französische Namen: Gingembre rouge, lavande rouge, gingembre d'ornement
Niederländische Namen: Ginger lelie
Blüten: Weiß, rosa, rot, orange
Lebensform: Bis zu 3 m hohe Staude
Ursprüngliche Heimat: Neukaledonien, pazifische Inseln

Wissenswertes: Alpinien gehören ebenfalls zu den tropischen Pflanzen, die heute überall in den Tropen und Subtropen verbreitet sind. Viele werden hauptsächlich als Schnittpflanzen gezogen und dann exportiert. Die prächtigen Blütenstände der Alpinien werden in Gestecken, aber auch traditionell als Kirchenschmuck bei religiösen Festen verwendet. Es gibt Zuchtformen in vielen Farben. Die eigentlichen Blüten ragen aus den zapfenförmig angeordneten Brakteen heraus, sie sind weiß (siehe auch Kapitel Rote Blüten). Aus den Blättern werden Farbstoffe gewonnen. Ein Aufguss aus den Blättern bestimmter Alpinienarten soll in einigen Ländern gegen Rheuma verwendet werden.

Jacaranda

Jacaranda mimosifolia

Familie: Bignoniaceae, Trompetenbaumgewächse
Weitere deutsche Namen: Palisander
Englische Namen: Jacaranda, fern tree
Spanische Namen: Framboyán azul, guarupa, abey
Französische Namen: Flamboyant bleu, jacaranda palissandre
Niederländische Namen: Jacaranda
Blüten: Violett
Lebensform: Baum bis 15 m Höhe
Ursprüngliche Heimat: Argentinien, Brasilien
Wissenswertes: Die Jacaranda kommt aus Brasilien und Argentinien. Sie wurde zu einem der beliebtesten Zier- und Straßenbäume in war-

men Ländern. Sie säumt nicht nur die Alleen von Buenos Aires, sondern auch die Straßen des südafrikanischen Pretoria. Man findet sie in Kalifornien und sogar auf den Hawaii-Inseln, dort zum Beispiel im Hochland von Maui. Die Aufnahme zeigt ein Exemplar auf den Kanarischen Inseln. Der pH-Wert des Bodens beeinflusst die Blütenfarbe. Saurer Boden führt zu eher rosafarbenen Blüten, alkalischer hingegen zu blauen. Rund 50 Arten gehören zur Gattung Jacaranda, *J. mimosifolia* ist die häufigste Art, aber es werden auch andere Vertreter gepflanzt. Der Name Jacaranda stammt möglicherweise aus der Sprache Guarani, die in einem Teil Brasiliens und Paraguays gesprochen wird. Der deutsche Name Palisander ist irreführend, denn mit der Gattung Dalbergia, echtem Palisanderholz, ist die Jacaranda nicht näher verwandt.

Orchideenbaum

Bauhinia variegata

Familie: Fabaceae, Hülsenfrüchtler (Unterfamilie Caesalpinioideae)

Weitere deutsche Namen: Bauhinie

Englische Namen: Hong Kong orchid tree, orchid tree, butterfly tree, buddhist bauhinia, mountain ebony, bull hoof tree

Spanische Namen: Calzoncillo, pata de cabra, pata de vaca, árbol orchídea

Französische Namen: Arbre aux orchidées

Niederländische Namen: Bauhinia, orchidee-boom

Blüten: Rosa, violett, weiße Streifen

Lebensform: Baum, bis 12 m hoch

Ursprüngliche Heimat: Südchina

Wissenswertes: Die stark duftenden Blüten des Orchideenbaums ähneln zwar äußerlich bestimmten Orchideenarten, sind aber nicht mit ihnen verwandt. Die Blätter des Orchideenbaums erinnern an den Fußabdruck einer Kuh, danach wurde der Baum im Englischen und Spanischen benannt (bull hoof tree, pata de vaca). Es gibt etwa 300 Bauhinienarten, die als Zier- und Schattenbäume beliebt sind. Einige Bauhinienarten besitzen weiße oder gelbe Blüten. Die Blüte des 1908 entdeckten Orchideenbaums *Bauhinia blakeana* ist auf der Flagge Hongkongs dargestellt. Bauhinien trifft man heute in allen tropischen und subtropischen Ländern, dieses Exemplar steht in Florida, wo der Baum als invasiv gilt. Die Bauhinie erhielt ihren Namen nach den Schweizer Brüdern Johann (1541–1612) und Caspar Bauhin (1560–1624), Anatomen und Botaniker des 16. Jahrhunderts.

Rosa Poui

Tabebuia rosea

Familie: Bignoniaceae, Trompetenbaumgewächse
Weitere deutsche Namen: Rosa-Trompetenbaum
Englische Namen: Pink poui, pink trumpet tree, May bush
Spanische Namen: Ampa rosa, mano de leon, fresno, palo de rosa, roble sabana
Französische Namen: Rose Poui, pau d'arco
Niederländische Namen: Groenhart, lapacho, roze poui
Blüten: Rosa, gelbe Bereiche in der Blüte
Lebensform: Baum bis 30 m Höhe
Ursprüngliche Heimat: Tropisches Südamerika

Wissenswertes: Der Rosa Poui ist wie seine gelb blühenden Verwandten (siehe auch Kapitel Gelbe Blüten) ein sehr dekorativer und entsprechend beliebter Zierbaum. Es gibt verschiedene Arten von Trompetenbäumen mit rosafarbenen Blüten. Dieser fotografierte Poui steht in Orlando, Florida, am Eingang eines Vergnügungsparks. Rosafarbene Poui-Bäume findet man häufig auch im karibischen Raum und Venezuela sowie von Mexiko bis Kolumbien. Sie werden als Schattenspender auf Kaffee- und Kakaoplantagen eingesetzt. In der spanischen Sprache werden Trompetenbäume oft „roble" genannt, zu Deutsch Eiche. Das Holz wird geschätzt wie das unserer Eiche, es ist haltbar, hart und schwer und findet vielfältigen Einsatz als Baumaterial und Werkstoff.

Christusdorn

Euphorbia milii

Familie: Euphorbiaceae, Wolfsmilchgewächse
Weitere deutsche Namen: –
Englische Namen: Crown-of-thorns, Christ thorn
Spanische Namen: Corona de Cristo
Französische Namen: Couronne d'épines, épine du Christ
Niederländische Namen: Christusdoorn
Blüten: Rot, rosa, weiß, gefleckt
Lebensform: Strauch, bis 1,20 m hoch
Ursprüngliche Heimat: Madagaskar
Wissenswertes: Zusammen mit dem Adventsstern gehört der Christusdorn zu den am häufigsten kultivierten Wolfsmilchgewächsen. Sein Milchsaft ist giftig und die wehrhafte Pflanze ist außerdem mit Dornen bedeckt. Als Hecke gepflanzt ist sie ein wirkungsvoller natürlicher Zaun. Besonders kleinwüchsigere Varianten des Christusdorns sind gut geeignet für Steingärten. Der Christusdorn mag viel Sonne und verträgt auch Meeresnähe. Der Christusdorn auf dem Foto steht auf einem Parkplatz für Strandbesucher auf Teneriffa. Die Blüten sind nackt (ohne Kelch- und Kronblätter), farbig sind die Hochblätter. Es gibt viele Zuchtformen in verschiedenen Farben, rosa und rot sind aber vorherrschend. Weit verbreitet ist diese Pflanze auch in der karibischen Inselwelt.

Orchideen

Orchidaceae

Familie: Orchidaceae, Orchideengewächse
Weitere deutsche Namen: Knabenkrautgewächse
Englische Namen: Orchids
Spanische Namen: Orquídeas
Französische Namen: Orchidées
Niederländische Namen: Orchideeën
Blüten: Rosa, rot, weiß, gelb, mehrfarbig
Lebensform: Staude, auch epiphytisch
Ursprüngliche Heimat: s. u.
Wissenswertes: Die Orchideen sind eine der artenreichsten Pflanzenfamilien, sie kommen in allen Lebensräumen vor, außer in den Ozeanen und Trocken- und Eiswüsten. Sie stellen 10 % aller Blü-

tenpflanzen, rund 24.000 Arten. Die meisten davon leben in den Tropen. Oft besitzen sie nur einen wissenschaftlichen Namen. Es gelingt meist schnell, eine Orchidee als solche zu erkennen. Wer Genaueres zu Art und Lebensweise erfahren möchte, kann auf umfangreiche Literatur zu diesen Pflanzen zurückgreifen. Der überwiegende Anteil der gezüchteten Orchideen wird wegen ihrer attraktiven Blüten geschätzt. Abgebildet sind Phalaenopsis-Hybriden, die bei uns Schmetterlingsorchideen heißen. Eine im tropischen Amerika beheimatete Orchidee ist die Lieferantin der Vanille, die Sorten sind die Bourbon- und Mexikovanille. Zu Beginn der Reife werden die 30 cm langen Früchte geerntet und getrocknet, nach dem anschließenden Fermentieren schrumpft man sie zu „Vanilleschoten". Die auf Tahiti angepflanzte Pomponvanille wird in der Parfümherstellung verwendet.

BLAUE BLÜTEN

Foto: Schmucklilie (*Agapanthus praecox*)

© Springer-Verlag GmbH Deutschland 2017
K. Kreissig, *Häufige tropische und subtropische Zierpflanzen schnell nach Blütenfarbe bestimmen*,
https://doi.org/10.1007/978-3-662-55018-2_5

Purpurkranz

Petrea volubilis

Familie: Verbenaceae, Eisenkrautgewächse
Weitere deutsche Namen: –
Englische Namen: Blue bird vine, Queen's wreath, purple wreath vine, lilac
Spanische Namen: Machiguá
Französische Namen: Liane Saint Jean, liane rude, diadème royale, pétrée, fleur de Dieu
Niederländische Namen: Bloem van God
Blüten: Blau, violett
Lebensform: Kletterpflanze, bis 13 m hoch
Ursprüngliche Heimat: Mittelamerika, karibische Inseln
Wissenswertes: Der Purpurkranz wird in warmen Ländern vor allem zum Begrünen von Mauern und Zäunen eingesetzt, ähnlich wie andere üppig blühende Kletterpflanzen (zum Beispiel Feuerranke, Goldkelch, Bougainvillie). Die blauen oder dunkelvioletten Blütentrauben werden 35 cm lang. Die Pflanze ist immergrün. Die kleineren Blütenblätter fallen bald ab, zurück bleiben die ebenfalls farbigen Kelchblätter der Blüte. Der wissenschaftliche Name des Purpurkranzes geht auf Lord Petre (1713–1743) zurück, er war ein großer Sammler exotischer Pflanzen und führte beispielsweise 1739 die Kamelie in Europa ein. Zu den Eisenkrautgewächsen gehören viele Arzneipflanzen, sie enthalten wertvolle ätherische Öle. Ein ebenfalls blauer europäischer Verwandter des Purpurkranzes ist das Vergissmeinnicht. Der Teakholzbaum (*Tectona grandis*) zählt auch zu den Eisenkrautgewächsen.

Kap-Bleiwurz

Plumbago auriculata

Familie: Plumbaginaceae, Bleiwurzgewächse
Weitere deutsche Namen: –
Englische Namen: Blue plumbago, doctor brush, Cape plumbago, Cape leadwort, south African leadwort
Spanische Namen: Beleza, pegosa, hierba de pajaro, guapote, celestina, plumbago azul, plumbago del cabo
Französische Namen: Dentelaire du Cap, Plumbago du Cap
Niederländische Namen: Loodplant, mannentrouw
Blüten: Blau, blassviolett, weiß
Lebensform: Bis 3 m hoher Strauch

Ursprüngliche Heimat: Südafrika
Wissenswertes: Charakteristisch für die Blüten der Bleiwurz ist die feine Linie, die jedes Blütenblatt durchzieht. Der Name Bleiwurz soll darauf zurückgehen, dass man in Europa früher glaubte, die im Mittelmeerraum wild wachsende, rosaviolett blühende Europäische Bleiwurz (*Plumbago europaea*) könne Bleivergiftungen heilen. Auch soll die Pflanze gegen Infektionen äußerlich angewendet worden sein und färbte die Haut dann bleigrau. Das ist nicht zum Nachahmen empfohlen, denn heute ist bekannt, dass alle Teile der Pflanze giftig sind. Gelegentlich findet man neben *Plumbago auriculata* den Namen *Plumbago capensis*. Die Bleiwurz ist in fast allen tropischen und subtropischen Ländern zu finden. Sie wächst im mediterranen Raum im Freiland und in Deutschland an geschützten Standorten oder als Topfpflanze.

Ägyptische Seerose

Nymphaea caerulea

Familie: Nymphaeaceae, Seerosengewächse
Weitere deutsche Namen: Blauer Lotos
Englische Namen: Blue Egyptian lotus
Spanische Namen: Loto azul, nenúfar azul
Französische Namen: Lotus bleu, Lotos d'Egypte
Niederländische Namen: Blauwe lotus
Blüten: Blau, gelbes Zentrum
Lebensform: Staude, Wasserpflanze
Ursprüngliche Heimat: Ägypten, tropisches Afrika
Wissenswertes: Die Seerosengewächse sind eine weltweit verbreitete Pflanzenfamilie mit ungefähr 40 Arten. Es sind Wasser- oder Sumpfpflanzen mit Wurzelstöcken, seltener freischwimmend.

Die Blätter sind entweder unter der Wasseroberfläche oder schwimmen darauf, die Blüten sind groß und auffällig, sie stehen einzeln. Bekannte Vertreter sind Seerose, Teichrose, Haarnixe und Victoria. Die blaue ägyptische Seerose (caerulea = blau) besitzt eine wichtige Rolle in Religion, Kunst und Kultur Ägyptens. Das sonnengelbe Zentrum der bis zu 35 cm großen Blüte auf einem himmelblauen Hintergrund war für die Ägypter ein Sinnbild der Sonne. Die Seerose öffnet sich morgens und schließt sich abends wieder, sie steht für den Sonnenaufgang und -untergang. Die Seerose steht für Regeneration, Fruchtbarkeit, Wasser, Vegetation und die Einheit von Unter- und Oberägypten. Sie ist ein vielfach verwendetes Motiv in der Malerei und Baukunst.

Schmucklilie

Agapanthus praecox

Familie: Amaryllidaceae, Amaryllisgewächse
Weitere deutsche Namen: Liebesblume
Englische Namen: African lily, lily-of-the-nile, Agapanthus lily, flower of love
Spanische Namen: Agapanto
Französische Namen: Agapanthe, lis africain, tubéreuse bleue
Niederländische Namen: Afrikaanse lelie, liefdesbloem
Blüten: Blau, violett, weiß
Lebensform: Staude
Ursprüngliche Heimat: Südafrika
Wissenswertes: In ihrer Heimat Südafrika gehört die Schmucklilie zu den beliebtesten Zierpflanzen.

Sie benötigt viel Licht und ausreichend Wasser, ist aber ansonsten einfach zu pflegen und so in fast jedem Garten zu finden. Heute ist die Schmucklilie fast ebenso populär in Europa, Japan, USA, Australien und Neuseeland. Sie wird auch als Containerpflanze und Schnittblume verwendet. Die Schmucklilie besitzt lange, riemenförmige Blätter. Der halbkugel- oder kugelförmige Blütenstand sitzt an einem langen Stiel, der bis zu 120 cm lang sein kann. Er besteht zumeist aus 10–50 röhrenförmigen Einzelblüten, es können aber auch 100 Blüten sein. Es gibt eine große Anzahl von Zuchtformen, die klingende Namen tragen wie 'Amethyst', 'Donau', 'Purple Cloud' oder 'Peter Pan'.

Großblütige Thunbergie

Thunbergia grandiflora

Familie: Acanthaceae, Akanthusgewächse
Weitere deutsche Namen: Himmelsblume
Englische Namen: Bengal clockvine, Bengal trumpet, blue skyflower
Spanische Namen: Fausto, tumbergia azul
Französische Namen: Liane mauve
Niederländische Namen: Grootbloemige thunbergia
Blüten: Blau, blassviolett, in der Mitte gelb
Lebensform: Kletterpflanze, bis 30 m Höhe
Ursprüngliche Heimat: Indien, Bengalen
Wissenswertes: Die Thunbergie wird gelegentlich fälschlicherweise für eine Orchidee gehalten. Wie bei vielen Orchideen hängen die großen blauen oder blassvioletten Blüten in lockeren Rispen. Sie ist beliebt als Zierpflanze, auch als Zimmerpflanze. Im Freien kann diese Kletterpflanze zur Begrünung von Verandas, Pavillons und Mauern gesetzt werden. Sie gilt jedoch als Gartenflüchtling und muss wegen ihres schnellen Wachstums kontrolliert werden. Es gibt eine sehr seltene weiße Form. Die Pflanze wurde benannt nach dem schwedischen Botaniker Carl Peter Thunberg (1747–1828). Die Schwarzäugige Susanne (siehe Kapitel Gelbe Blüten) ist ebenfalls eine Kletterpflanze und eine nahe Verwandte der Thunbergie.

WEISSE BLÜTEN

Foto: Palmlilie (*Yucca filamentosa*)

K. Kreissig, *Häufige tropische und subtropische Zierpflanzen schnell nach Blütenfarbe bestimmen*,
https://doi.org/10.1007/978-3-662-55018-2_6

Orchidee

Caularthron bicornutum

Familie: Orchidaceae, Orchideengewächse
Weitere deutsche Namen: –
Englische Namen: Virgin orchid
Spanische Namen: Virgen orquidea
Französische Namen: Orchidée vierge
Niederländische Namen: –
Blüten: Weiß, 3–6 cm Durchmesser
Lebensform: Staude, epiphytisch auf großen schattenspendenen Bäumen
Ursprüngliche Heimat: Brasilien, Kolumbien, Venezuela, Karibische Inseln, Amazonien
Wissenswertes: Diese Orchidee ist ein gutes Beispiel für eine wilde Orchidee, wie man sie bei einem kleinen Spaziergang finden könnte. Ihr Äußeres ist nicht ganz so spektakulär, wie wir es von den prachtvollen Zuchtformen gewohnt sind. Trotzdem kommt auch dem Nicht-Fachmann schnell der Gedanke, dass es sich hier um eine Orchidee handeln könnte. Ihren englischen Namen „Virgin Orchid" bekam sie, weil man in der Blüte die kniende Gestalt der mit Mantel und Kopftuch bekleideten Jungfrau Maria zu erkennen meinte. Die Sprosse der Pflanze, die sogenannten Pseudobulben, sind verdickt und hohl. Ameisen nutzen die Sprossen als Behausung. Daher stammt auch die Bezeichnung Ameisenorchidee. Sie blüht von Februar bis März und duftet intensiv. Caularthron lebt epiphytisch, also aufsitzend auf Bäumen. Sie ist jedoch kein Parasit, sondern sucht nur die Nähe zum Sonnenlicht. Diese Orchidee steht wie sehr viele ihrer Verwandten unter Naturschutz.

Langblütige Lilie

Lilium longiflorum

Familie: Liliaceae, Liliengewächse
Weitere deutsche Namen: Osterlilie, Bermuda-Lilie
Englische Namen: Bermuda lily, Easter lily
Spanische Namen: Lirio de Pascua
Französische Namen: Lis de Pâques
Niederländische Namen: Witte trompetlelie, graflelie, japanse lelie, kelklelie
Blüten: Weiß
Lebensform: Staude
Ursprüngliche Heimat: Japan, Asien
Wissenswertes: Diese Lilie hat wegen ihrer Beliebtheit große kommerzielle Bedeutung, sie wird vielseitig in Sträußen, Kränzen und Geste-cken verwendet. Die bis zu 20 cm langen, stark duftenden Blüten der Langblütigen Lilie können sich 10–12 Tage in der Vase halten und sind deshalb als Schnittblumen sehr geeignet. Dabei muss aber beachtet werden, dass sie für Haustiere giftig sind, ganz besonders für Katzen. Die Langblütige Lilie stammt ursprünglich aus Japan. Sie wurde schon Mitte des 19. Jahrhunderts nach Bermuda eingeführt und wird heute weltweit gezüchtet. In der Heraldik gehören Motive von Lilien zu den wichtigsten Wappenbildern. Sie finden sich insbesondere im Wappen der Könige von Frankreich, aber auch in Stadtwappen wie beispielsweise dem von Florenz.

Bougainvillie

Bougainvillea spectabilis

Familie: Nyctaginaceae, Wunderblumengewächse
Weitere deutsche Namen: Drillingsblume
Englische Namen: Bougainvillea, paper flower
Spanische Namen: Boganbilla, flor de verano, manto de Jesus, veranera, papelillo, trinitaria, bougainvillea, bouganvilea
Französische Namen: Bougainvillée
Niederländische Namen: Bougainvillea
Blüten: Weiß, rosa, violett, orange
Lebensform: Strauch, Kletterpflanze
Ursprüngliche Heimat: Brasilien
Wissenswertes: Die eigentliche Blüte der Bougainvillie ist klein und weiß. Sie besteht aus 5 zusammen gewachsenen Blütenblättern. Sie ist

von 3 farbigen Hochblättern (Brakteen) umgeben, die später den Samen als Flughilfe dienen. Diese Hochblätter sind so auffällig, dass sie oft für die eigentliche Blüte gehalten werden. Sie können weiß, orange, rosa oder violett gefärbt sein (siehe Kapitel Rosafarbene Blüten). Die Blüten wachsen in Dreiergruppen daher die Bezeichnung Drillingsblume. Die Pflanze wurde benannt nach Louis-Antoine de Bougainville (1729–1811). Er war zunächst Anwalt, schlug dann aber eine militärische Laufbahn ein, zuerst in der Armee, dann in der Marine. Unter anderem unternahm de Bougainville die erste französische Erdumsegelung. Danach arbeitete er nur noch wissenschaftlich. Die Bougainvillie entdeckte er in Rio de Janeiro.

Oleander

Nerium oleander

Familie: Apocynaceae, Hundsgiftgewächse
Weitere deutsche Namen: Rosenlorbeer
Englische Namen: Oleander, rose-bay
Spanische Namen: Adelfa, baladre
Französische Namen: Oléandre, laurier-rose
Niederländische Namen: Oleander
Blüten: Rosa, weiß, gelb, gestreift
Lebensform: Strauch, kleiner Baum, 3–6 m hoch
Ursprüngliche Heimat: Mittelmeerraum, Kleinasien
Wissenswertes: Der Name Oleander geht wahrscheinlich auf das italienische „Oleandro" zurück. Dieser Begriff entstand aus der Kombination des lateinischen „Olea" (Ölbaum) und „Lorandrum" (Lorbeerbaum), möglicherweise wegen einer leichten Ähnlichkeit in der Blattform von Oleanderblättern und Lorbeerblättern. Die Thevetie (siehe Kapitel Gelbe und Orangefarbene Blüten) wird zwar Tropischer Oleander genannt und gehört auch zu den Hundsgiftgewächsen, aber zu einer anderen Gattung. Oleander ist sehr giftig. Es soll schon zu Todesfällen gekommen sein, wenn Speisen über einem Oleanderholzfeuer gekocht wurden und Umstehende den Rauch eingeatmet haben. Angeblich ist sogar Oleanderhonig giftig. Seiner Beliebtheit als Zierstrauch scheint das nicht zu schaden, es gibt viele Züchtungen und Farben (siehe auch Kapitel Rosafarbene Blüten).

Muschelingwer

Alpinia zerumbet

Familie: Zingiberaceae, Ingwergewächse
Weitere deutsche Namen: –
Englische Namen: Shell ginger, light galangal, pink porcelain lily
Spanische Namen: Colônia, jardineira, pacová, flor de cáscara
Französische Namen: Gingembre coquille, larmes de la vierge
Niederländische Namen: Gemberlelie
Blüten: Außen weiß mit rosafarbenen Spitzen, innen gelb und orange
Lebensform: 2–3 m hohe Staude
Ursprüngliche Heimat: Indien, Südostasien

Wissenswertes: Der Muschelingwer ist eine der Pflanzen, deren Zuordnung zu einer Blütenfarbe besonders schwerfällt. Von außen sind die glänzenden Blüten hauptsächlich weiß und haben eine rosafarbene Spitze. Sobald sich eine Blüte öffnet, ist das Innere gelb mit orangerotem Streifen in Richtung des Zentrums. Die ganze Pflanze duftet, ihr Nektar zieht viele Insekten an, oft auch eine große Anzahl von Ameisen. Der Muschelingwer nimmt momentan rapide an Beliebtheit als Zierpflanze zu. Inzwischen ist er bis zu den Kanarischen Inseln in Hotelanlagen zu finden und in Deutschland als Kübelpflanze erhältlich. Die Pflanze bevorzugt eher schattige Standorte mit ausreichend feuchtem Boden. Die aromatischen Wurzeln werden in der thailändischen Küche gelegentlich als Ersatz für andere Ingwerarten als Gewürz verwendet.

Baumstrelitzie

Strelitzia nicolai

Familie: Strelitziaceae, Strelitziengewächse
Weitere deutsche Namen: Weiße Paradiesvogel-blume
Englische Namen: Giant white bird of paradise
Spanische Namen: Ave del Paraíso gigante
Französische Namen: Oiseau de paradis géant blanc
Niederländische Namen: Vogelkopbloom, para-dijsvogelbloom
Blüten: Weiß, mit einzelnen blauen Blütenblät-tern
Lebensform: Bis 6 m hohe Staude
Ursprüngliche Heimat: Südafrika

Wissenswertes: Die Baumstrelitzie ist eine nahe Verwandte der bekannteren orangefarbenen Stre-litzie (siehe auch Kapitel Orangefarbene Blüten). Sie ist jedoch wesentlich größer und wird des-halb in öffentliche Gärten oder Parks gepflanzt, wo ausreichend Platz zur Verfügung steht. Die Blüten sind sehr groß und auffällig. Die Blüten-blätter sind blau, die Kelchblätter weiß, sie ragen aus einem kanuförmigen Hochblatt heraus. Das Hochblatt ist grün mit rotem Rand und kann 40 cm lang werden. 3 bis 5 solcher Blüten sind zusammen angeordnet. Die Blätter sind wie Paddel geformt. Die Blattscheiden bilden einen Scheinstamm ähnlich wie die Bananengewächse. Die Strelitzien wurden lange Zeit zu den Bananen-gewächsen gezählt. Heute werden die 7 Arten als eigene Familie mit 3 Gattungen angesehen.

Blaue Passionsblume

Passiflora caerulea

Familie: Passifloraceae, Passionsblumengewächse
Weitere deutsche Namen: –
Englische Namen: Blue passionflower
Spanische Namen: Pasionaria azul
Französische Namen: Passiflore bleue
Niederländische Namen: Blauwe passiebloem
Blüten: Weiß, rot, violett, blau
Lebensform: Kletterpflanze
Ursprüngliche Heimat: Südamerika
Wissenswertes: Die Passionsblume ist eine Kletterpflanze aus den unteren Baumschichten tropischer Regenwälder Amerikas. Es gibt 480 Arten, als Zierde trifft man Passionsblumen auch in gemäßigten Breiten. Viele Passiflora-Arten liefern wohlschmeckende Früchte. Beliebt ist die aus Brasilien stammende Passionsfrucht oder Maracuja (*Passiflora edulis*), die man zu Säften, Fruchtgetränken (Nektar) und Konzentrat verarbeitet. Eine andere Art produziert stärkehaltige Knollen, die ähnlich unseren Kartoffeln als Nahrungsmittel dienen. Die spanischen Eroberer Südamerikas erinnerten die Früchte der Passionsblume an Granatäpfel, deshalb heißt die Pflanze auf Spanisch Granadilla. Angeblich benutzten die Missionare die Blüte, um den Ureinwohnern die Kreuzigung Christi näher zu bringen. Die fadenförmigen Fortsätze stellen die Dornenkrone dar, die 5 Staubblätter stehen für die Wunden. Die 3 Griffel erinnern an die Nägel. Dazu wird es als Zeichen der heiligen Dreifaltigkeit gedeutet.

Westindische Frangipani

Plumeria alba

Familie: Apocynaceae, Hundsgiftgewächse
Weitere deutsche Namen: Pagodenbaum, Tempelstrauch
Englische Namen: White frangipani, pagoda tree, temple tree, West Indian jasmin
Spanische Namen: Alhelí blanco, franchipán, alelí, flor de mayo
Französische Namen: Frangipanier à fleurs blanches
Niederländische Namen: Frangipani, tempelboom
Blüten: Weiß mit gelbem Zentrum
Lebensform: Baum, 8–10 m Größe
Ursprüngliche Heimat: Mittelamerika

Wissenswertes: Die intensiv duftenden Blüten von weißen Frangipani werden besonders oft zu Kränzen, Ketten und Girlanden gebunden. Man benötigt etwa 70 Blüten, um eine einfache hawaiianische Blütenkette herzustellen, in der Sprache der Einheimischen „Lei" genannt. Mit einer speziellen Nadel werden die Blüten auf festes Baumwollgarn aufgezogen. Die Blüte wird dabei nicht durchstochen, sondern man fädelt sie durch das offene Ende der Röhre am Blütenboden auf. Die Kette kann 2–3 Tage halten, wenn man sie über Nacht in den Kühlschrank legt. Insgesamt gibt es mindestens 7 Plumeria-Arten, dazu natürliche Kreuzungen und viele Züchtungen (siehe auch Kapitel Rosafarbene Blüten). Neben der weiß blühenden Frangipani gibt es die rosa blühende Art *Plumeria rubra*. Alle Pflanzenteile enthalten giftigen Milchsaft.

Natalpflaume

Carissa macrocarpa

Familie: Apocynaceae, Hundsgiftgewächse
Weitere deutsche Namen: Wachsbaum
Englische Namen: Natal plum
Spanische Namen: Ciruela de Natal
Französische Namen: Prunier du Natal, carissa
Niederländische Namen: Natalpruim
Blüten: Weiß
Lebensform: Bis 4 m hoher Strauch
Ursprüngliche Heimat: Südliches Afrika
Wissenswertes: Dieser Strauch wird oft als Hecke gepflanzt und dient der Eingrenzung von Parkwegen, findet sich aber wegen seiner Anspruchslosigkeit auch auf Parkplätzen und öffentlichen Gebäuden. Die Pflanze wächst auf nährstoffarmen Böden, verträgt sowohl starke Sonneneinstrahlung als auch längere Trockenheit und benötigt kaum gärtnerische Aufmerksamkeit, sie gedeiht sogar noch bei salzhaltiger Luft in Meeresnähe. Kein Wunder – die Natalpflaume stammt aus den warmen, trockenen Gebieten Südafrikas, wo sie den klangvollen Namen Amathungulu trägt. Die 2–3 cm große Blüte ist sternförmig und duftet leicht. Macrocarpa leitet sich aus der griechischen Sprache ab für „große Frucht". Die roten, kirschenähnlichen Früchte werden gegessen und zu Gelee verarbeitet. Der Strauch bildet mit dichten Blättern und bis zu 5 cm langen Dornen ein dichtes Dickicht. Carissa-Arten werden in Afrika von alters her als wirksamer Schutz gegen Elefanten eingesetzt, im Dschungel der Großstadt schützen sie Hauswände gegen Graffiti-Maler.

Banane

Musa x paradisiaca

Familie: Musaceae, Bananengewächse
Weitere deutsche Namen: –
Englische Namen: Banana
Spanische Namen: Banano, banana, plátano
Französische Namen: Bananier
Niederländische Namen: Banaan, bananenplant, bacove
Blüten: Weiß, gelb
Lebensform: Staude
Ursprüngliche Heimat: Asien
Wissenswertes: Jeder kennt die Banane, also die Frucht der Bananenpflanze, doch ihre Blüte ist weniger bekannt. Aus den Fruchtknoten der weiblichen Blüten entwickeln sich die Bananenfrüchte, die wissenschaftlich gesehen übrigens zu den Beeren zählen. Es gibt ca. 70–80 Bananenarten und viele Kreuzungen. Neben den süßen Obstbananen werden stärkehaltige Kochbananen gegessen, sie heißen treffenderweise auch Mehlbananen. Ungekocht sind sie nicht genießbar. Eine weitere Form sind die Zierbananen, diese Pflanzen dienen lediglich dekorativen Zwecken und sind als Zimmerpflanzen bei uns in Deutschland sehr beliebt geworden. Das Wort „Banan" kommt aus dem Arabischen und bedeutet Finger. Der wissenschaftliche Name der Banane, *Musa,* erinnert an Antonius Musa, den Arzt des römischen Kaisers Octavius Augustus (63 v. Chr. bis 14 n. Chr.).

ANHANG

Literaturempfehlungen

Bärtels, A. (2013): Tropenpflanzen: Zier- und Nutzpflanzen. Verlag Eugen Ulmer. 384 S., ISBN 978-3800179879

Blancke, R. (1999): Farbatlas Pflanzen der Karibik und Mittelamerikas. Ulmer, Stuttgart (Hohenheim), 287 S., ISBN 3-8001-3512-4

Bucher, G. (2017): Die Entdeckung des Nordpazifiks. Eine Geschichte in 44 Objekten. Verlag Philipp von Zabern in Wissenschaftliche Buchgesellschaft, 256 S., ISBN 978-3805350648

Dressler, S., Schmidt, M., Zizka, G. (2014): African Plants – A Photo Guide. www.africanplants.senckenberg.de. Forschungsinstitut Senckenberg, Frankfurt/ Main, Germany (accessed November 2016)

Jäger, E.-J., Ebel, F., Hanelt, P., Müller, G. (2016): Rothmaler – Exkursionsflora von Deutschland: Krautige Zier- und Nutzpflanzen. Springer Spektrum. 868 S., ISBN 978-3662504192

Kepler, A. K. (1997): Hawaii's Floral Splendor. Mutual Publishing, Honolulu, 144 S., ISBN 1-56647-170-2

Lennox, G. W., Seddon, S.A. (1978): Flowers of the Caribbean. Macmillan Education Ltd., London and Oxford, 72 S., ISBN 0-333-26968-3

Llamas, K. A. (2003): Tropical Flowering Plants: a guide to identification and cultivation. Timber Press Inc., Portland, Oregon, 423 S., ISBN 0-88192-585-3

Mägdefrau, Karl (2013): Geschichte der Botanik: Leben und Leistung großer Forscher. 2. Auflage, unv. Nachdruck von 1992. Spektrum Akademischer Verlag. 368 S., ISBN 978-3642393990

Oberg, H. (2008): Seychellen, Mauritius, Komoren, La Reunion, Malediven. Terra Naturreiseführer. Tecklenborg. 208 S., ISBN 978-3939172383

Rahfeld, B. (2017): Mikroskopischer Farbatlas pflanzlicher Drogen. 3. Auflage. Springer Spektrum. 415 S., ISBN 978-3662527061

Schönfelder, I., Schönfelder, P. (2008): Die neue Kosmos-Mittelmeerflora: über 1600 Arten und 1600 Fotos. 480 S. ISBN 978-3440107423

Schade, F., Jockusch, H. (2015): Betörend, berauschend, tödlich – Giftpflanzen in unserer Umgebung. Springer Spektrum. 207 S., ISBN 978-3662471890

The Plant List (2013). Version 1.1. Published on the Internet; http://www.theplantlist.org (accessed September / October / November 2016)

WCSP (2016). World Checklist of Selected Plant Families. Facilitated by the Royal Botanic Gardens, Kew. Published on the Internet; http://apps.kew.org/wcsp/ Retrieved September / October / Nov. 2016.

Whistler, W. A. (2000): Tropical Ornamentals: a guide. Timber Press Inc., Portland, Oregon, 542 S., ISBN 0-88192-475-X

Wink, M., van Wyk, B.-E., Wink, C. (2008): Handbuch der giftigen und psychoaktiven Pflanzen, Wissenschaftliche Verlagsgesellschaft, 464 S., ISBN 978-3804724259

Verzeichnis der Pflanzennamen

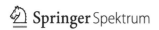

Springer

Willkommen zu den Springer Alerts

- Unser Neuerscheinungs-Service für Sie:
  aktuell *** kostenlos *** passgenau *** flexibel

Springer veröffentlicht mehr als 5.500 wissenschaftliche Bücher jährlich in gedruckter Form. Mehr als 2.200 englischsprachige Zeitschriften und mehr als 120.000 eBooks und Referenzwerke sind auf unserer Online Plattform SpringerLink verfügbar. Seit seiner Gründung 1842 arbeitet Springer weltweit mit den hervorragendsten und anerkanntesten Wissenschaftlern zusammen, eine Partnerschaft, die auf Offenheit und gegenseitigem Vertrauen beruht.

Die SpringerAlerts sind der beste Weg, um über Neuentwicklungen im eigenen Fachgebiet auf dem Laufenden zu sein. Sie sind der/die Erste, der/die über neu erschienene Bücher informiert ist oder das Inhalts-verzeichnis des neuesten Zeitschriftenheftes erhält. Unser Service ist kostenlos, schnell und vor allem flexibel. Passen Sie die SpringerAlerts genau an Ihre Interessen und Ihren Bedarf an, um nur diejenigen Informa-tion zu erhalten, die Sie wirklich benötigen.

Mehr Infos unter: springer.com/alert

Printed in the United States
By Bookmasters